하루 한 끼 채식

하루 한 끼 채식

—

2019년 5월 28일 1판 1쇄 발행
2020년 8월 20일 1판 2쇄 발행

—

지은이 김유경(콤마테이블)
펴낸이 이상훈
펴낸곳 책밥
주소 03986 서울시 마포구 동교로23길 116 3층
전화 번호 02-582-6707
팩스 번호 02-335-6702
홈페이지 www.bookisbab.co.kr
등록 2007.1.31. 제313-2007-126호

—

기획·진행 박미정
교정교열 추지영
디자인 프롬디자인

—

ISBN 979-11-86925-80-5 (13590)
정가 16,800원

—

책밥은 (주)오렌지페이퍼의 출판 브랜드입니다.

이 도서의 국립중앙도서관 출판예정도서목록(CIP)은 서지정보유통지원시스템 홈페이지 (http://seoji.nl.go.kr)와 국가자료종합목록시스템(http://www.nl.go.kr/kolisnet)에서 이용하실 수 있습니다. (CIP제어번호 : CIP2019019032)

하루 한 끼 채식

김유경(콤마테이블) 지음

풍성한 제철 재료로
건강하고 맛있게 먹는
76가지 채소 습관

책밥

프롤로그

한 권의 책이 완성되기까지 쉽지 않은 과정이었습니다. 원고와 사진 작업을 할 때는 책이 나오기만을 기다렸는데 막상 책을 마무리하려니 아쉬움이 더 크게 몰려옵니다.
아이의 아토피가, 건강에 대한 관심이, 그리고 가족에 대한 사랑이 지금의 길로 자연스레 인도한 것이 아닌가 생각합니다.

본격적으로 요리에 관심을 가지기 시작한 것은 둘째아이를 낳고부터입니다. 그전의 식습관이 오롯이 아이에게 나타나고

저 또한 점점 소화 기능이 떨어지다 보니 경각심을 가질 수밖에 없었어요. 어떻게 하면 건강한 방법으로 맛있게 먹을 수 있을까 하는 고민이 지금까지 이어지게 되었습니다.

때가 되면 알아서 자라는 제철 재료들의 풍성함에 매료되고 채소에 대해 하나둘 알아갈 때마다 미각이 다시 살아나는 기분이 들어요. 그동안 부재료로만 여겼던 채소를 가지고 온전한 요리를 만들면서 채소의 무궁무진한 가능성을 느끼기도 했습니다. 채소 요리를 하면서 느끼는 가장 큰 변화는 자연의 소중함을 깨닫고 내 몸을 소중히 여기는 것이었어요.

계절에 따라 모양도 색도 갖가지인 채소는 보기에도 참 예쁩니다. 그 예쁜 재료로 자신을 위해, 가족을 위해 요리하는 것은 즐거운 일이 아닐 수 없습니다. 또 같은 재료도 손질법이나 조리법에 따라 수 가지의 맛을 낸다는 것을 알면 참 재미있기도 하고 더 깊이 배우고 싶다는 욕심이 생깁니다.

제가 처음에 그랬던 것처럼 채소 요리라고 하면 막막한 분들께 조금이나마 도움이 되었으면 합니다. 분명 채소의 매력을 발견하고 흠뻑 빠져들게 될 거예요.

끝으로 힘들 때마다 옆에서 격려와 용기를 주신 지인분들께 감사의 인사를 전하고 싶어요. 그리고 늘 맛있는 요리로 추억과 사랑을 전해 주시는 엄마, 사랑합니다. 또 아이들의 배려와 남편의 도움이 없었다면 이 책을 완성하지 못했을 거예요. 늘 든든한 버팀목이 되어주는 가족들에게 고마움을 전합니다.

콤마테이블 / 김유경 드림

차례

PART 1.

홈메이드 저장 식품

PART 2.

가벼운 채식 한 끼

PART 3.

든든한 채식 한 끼

PART 4.

가족과 밥 한 끼

PART 5.

영양 가득 간식

제철 재료 캘린더

3~5월

⊖ 딸기, 한라봉, 블루베리

⊖ 봄동, 쑥, 고사리, 우엉, 냉이, 달래, 돌나물, 취나물, 비름나물, 방풍나물, 미나리, 원추리, 두릅, 마늘종, 도라지, 더덕, 아스파라거스, 완두콩, 마늘, 파프리카, 양배추, 비트, 부추, 씀바귀

⊖ 주꾸미, 바지락

⊖ 블루베리, 매실, 참외, 오디, 오렌지, 토마토, 수박, 복숭아, 자두, 살구, 포도, 복분자, 산딸기

⊖ 근대, 감자, 당근, 옥수수, 고수, 고추, 고춧잎, 양파, 참나물, 아욱, 가지, 단호박, 애호박, 호박잎, 시금치, 마늘, 부추, 파프리카, 오크라, 오이, 고구마줄기

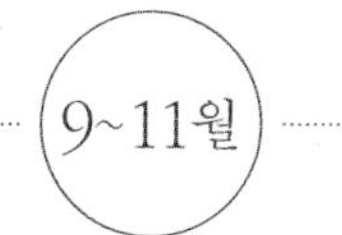

⊖ 사과, 무화과, 석류, 배, 감, 홍시, 대추

⊖ 근대, 고들빼기, 파프리카, 시금치, 가지, 애호박, 은행, 팥, 양파, 파, 표고버섯, 마, 밤, 배추, 단호박, 늙은 호박, 연근, 생강, 고구마, 고추, 호두, 무, 산초열매

⊖ 대하, 가리비, 굴, 전복, 게

⊖ 귤, 유자, 사과, 곶감

⊖ 배추, 시금치, 파, 우엉, 연근, 무, 고구마, 양배추, 콜라비, 청경채

⊖ 굴, 홍합, 꼬막, 가리비, 미역, 톳, 파래, 매생이

제철 재료로 먹는 계절별 메뉴

봄

여름

가을

겨울

이 책을 보는 방법

⊖ **홈메이드 저장 식품**: 미리 만들어두면 좋은 저장 식품을 소개한다. 뒤에 나오는 다양한 채소 요리에 사용할 수 있다.

⊖ **가벼운 채식**: 바쁜 아침에 간단하면서도 식사 대용으로 부족함 없는 건강한 채소 요리를 소개한다. 홈메이드 저장 식품을 활용하면 쉽게 조리할 수 있다.

⊖ **든든한 채식**: 한 그릇 요리로 먹거나 빵과 곁들일 수 있는 채소 요리를 소개한다. '가벼운 채식'과 함께 먹으면 풍성한 식탁을 즐길 수 있다.

⊖ **가족과 밥 한 끼**: 밥과 잘 어울리는 국, 찌개, 반찬을 소개한다.

⊖ **영양 가득 간식**: 로푸드와 슈퍼푸드를 활용한 메뉴를 소개한다. 효소가 살아 있는 음식을 먹을 수 있다.

❶

❶ 요리가 완성된 후의 이미지를 보여준다.

❷ 요리 제목

❸ 해당 음식을 소개하고, 만들 때 주의할 점 등을 알려준다.

❹ 음식을 만들 때 필요한 재료. 가급적 정확하게 계량할 것을 추천한다.

❺ 만드는 과정을 친절하게 소개한다. 불꽃의 세기를 표현한 아이콘으로 각각 센불(●●●), 중불(●●), 약불(●)을 아이콘으로 표시했다. ●● > ●는 중불로 조리하다 약불로 바꾸라는 표시이고, 중약불(◐●), 중강불(◐●●)도 따로 표시했다. 센불(●●●)에서 중불(●●)로, 중불(●●)에서 약불(●)로 바꿔가면서 조리하기도 한다.

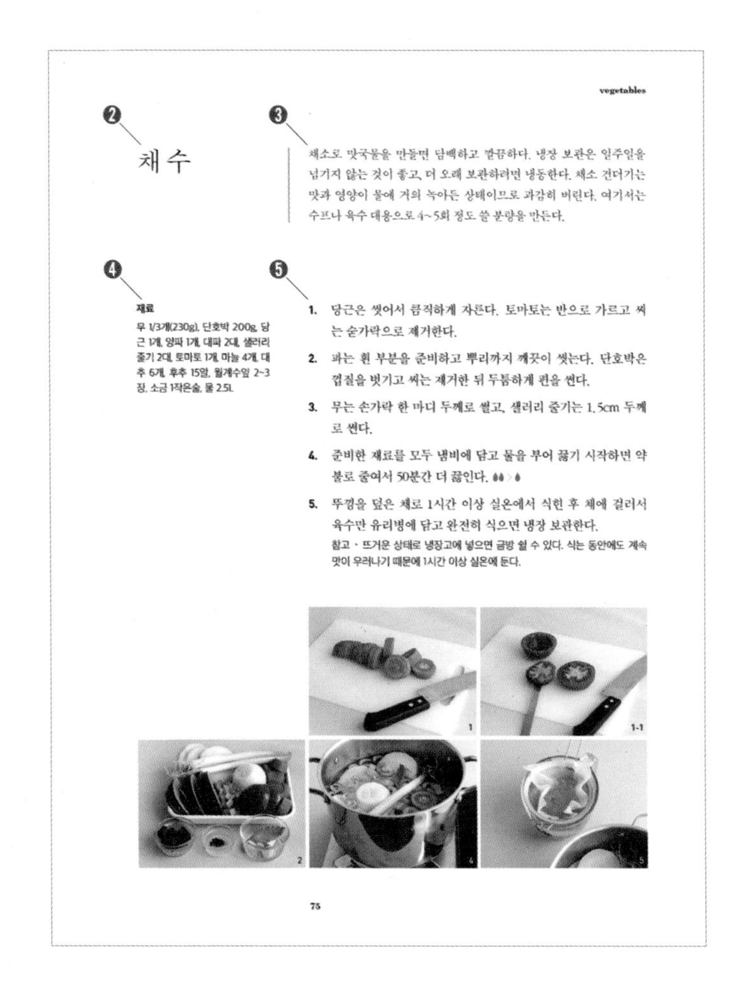

vegetables

❷ 채수

❸ 채소로 맛국물을 만들면 담백하고 깔끔하다. 냉장 보관은 일주일을 넘기지 않는 것이 좋고, 더 오래 보관하려면 냉동한다. 채소 건더기는 맛과 영양이 물에 거의 녹아든 상태이므로 과감히 버린다. 여기서는 수프나 육수 대용으로 4~5회 정도 쓸 분량을 만든다.

❹ **재료**
무 1/3개(230g), 단호박 200g, 당근 1개, 양파 1개, 대파 2대, 셀러리 줄기 2대, 토마토 1개, 마늘 4개, 대추 6개, 후추 15알, 월계수잎 2~3장, 소금 1작은술, 물 2.5L

❺
1. 당근은 씻어서 큼직하게 자른다. 토마토는 반으로 가르고 씨는 숟가락으로 제거한다.
2. 파는 흰 부분을 준비하고 뿌리까지 깨끗이 씻는다. 단호박은 껍질을 벗기고 씨는 제거한 뒤 두툼하게 편을 썬다.
3. 무는 손가락 한 마디 두께로 썰고, 셀러리 줄기는 1.5cm 두께로 썬다.
4. 준비한 재료를 모두 냄비에 담고 물을 부어 끓기 시작하면 약불로 줄여서 50분간 더 끓인다. ●● > ●
5. 뚜껑을 덮은 채로 1시간 이상 실온에서 식힌 후 체에 걸러서 육수만 유리병에 담고 완전히 식으면 냉장 보관한다.
   참고 · 뜨거운 상태로 냉장고에 넣으면 금방 쉴 수 있다. 식는 동안에도 계속 맛이 우러나기 때문에 1시간 이상 실온에 둔다.

1 1-1 2 4 5

75

건강한 채소 알아보기

채소는 여러모로 몸에 좋은 식품이다. 특히 소화와 배변 활동에 도움이 되는데, 그 외에도 채소의 유익한 점을 알아보자.

● 풍부한 식이섬유

탄수화물이나 고기, 인스턴트 식품을 위주로 식사를 하는 경우 가장 부족해지기 쉬운 영양소가 바로 식이섬유다. 특히 환경오염이 심각한 요즘에는 식이섬유가 체내에서 하는 역할이 매우 중요하다. 첫째, 몸속 노폐물 제거에 도움을 준다. 식이섬유가 체내에 축적된 환경호르몬이나 중금속 등의 독성물질을 흡착해 밖으로 배출하기 때문이다. 둘째, 장 건강에 좋다. 식이섬유는 신체의 소화 효소로는 소화되지 않고 장까지 도달하는데 이 과정에서 장내 유익균이 증식해 장의 활동이 활발해진다. 장이 건강하면 배변이 원활하고 이는 곧 독소 배출이 잘된다는 뜻이다. 몸에 독소가 많으면 체내 염증이 늘어나서 피부가 안 좋아지고 각종 질병으로 이어진다. 그러므로 장 건강과 피부 건강은 떼려야 뗄 수 없는 관계이다.

● 포만감

정크푸드, 떡, 흰 밀가루로 만든 빵 등 정제 탄수화물을 많이 섭취하면 높은 칼로리에 비해 금방 허기를 느낀다. 당 수치가 급격하게 올라갔다가 떨어져 우리 몸의 에너지 수치도 금방 떨어지기 때문이다. 단백질, 탄수화물과 더불어 다양한 채소를 곁들인 균형 잡힌 식사는 혈당이 급격하게 오르는 것을 방지하고 식사 후에도 포만감을 오래 유지할 수 있다.

● 항산화 물질

제철 채소와 과일, 곡류는 저마다 방어물질을 만들어 자라는 동안 외부 환경으로부터 스스로를 보호한다. 각기 다른 맛, 향, 색을 내는 채소의 고유 화학물질인 파이토케미컬은 강력한 항산화 물질을 포함하고 있으며 면역력 증강에도 도움을 준다. 검붉은 과일이나 채소에 들어 있는 안토시아닌, 토마토처럼 빨간 채소에 많은 라이코펜, 식물성 에스트로겐이라고 불리는 이소플라본 등 채소와 과일은 각기 다른 식물영양소를 보유하고 있고 효능도 다양하다.

올바른 채소 먹기

채소를 건강하고 맛있게 먹는 몇 가지 방법을 추천한다.

● 색깔별로 고르기

다양한 색의 채소와 과일을 고르면 그만큼 다양한 식물영양소를 섭취할 수 있다.

● 제철 채소 먹기

식물은 어느 정도 스트레스가 있어야 더 건강하게 자란다. 비닐하우스 같은 편안한 환경에서 자라난 채소와 과일의 맛이 심심한 것도 그 때문이다. 계절을 견뎌낸 작물은 그만큼 영양가도 높고 향이나 맛이 훨씬 더 좋다.

● 다양한 조리법으로 만들기

같은 재료라도 어떻게 조리하느냐에 따라 영양소 흡수율과 식감이 천차만별이다. 볶거나 삶기, 굽기, 생으로 먹기, 크기나 방향을 다르게 썰어 다양한 식감을 내는 등 조리법을 다양하게 활용하면 하나의 재료로 다채로운 맛을 낼 수 있다.

● 한 끼는 의식적으로 먹기

매 끼니마다 정성스럽게 차려 먹기는 쉽지 않다. 아침과 점심에 소홀했다면 저녁에는 좀 더 신경 쓰거나 전날 과식을 했다면 아침은 가볍게 (과일과 채소를 갈아 만든) 스무디 또는 샐러드를 먹는 식으로 균형을 맞추자.

● 미리 준비하기

채소를 미리 씻어놓거나 콩을 미리 불려두는 등 재료가 준비되어 있으면 일단 요리하기에 훨씬 부담이 적다. 조리 시간도 단축되고 효율적이다.

로푸드 알아보기

우리 몸은 소화 과정에서 스스로 효소를 만들어낸다. 효소는 우리 몸의 신진대사를 촉진하고 불필요한 물질을 분해, 배설하는 역할을 한다. 섭취한 음식을 소화(탄수화물, 지방, 단백질 분해)시키고 대사 작용에도 관여해 생명 활동을 유지하는 데 중요한 요소로 작용하는 것이다. 나이가 들면 소화가 안 되는 것도 체내 효소량이 감소하기 때문이다.

로푸드는 바로 이 효소와 관련이 깊은 식이요법이며, 생식을 함으로써 재료 본연의 영양소와 성분을 섭취하는 것을 말한다. 재료를 그대로 사용하거나 썰기, 다지기, 갈기 정도만 해서 먹는다. 41도 이상의 온도에서는 효소가 감소하기 때문이다. 몸 안의 효소가 풍부해지면 독소 배출이 원활하게 이루어져 가장 먼저 피부에 변화가 온다. 아토피 환자들이 로푸드에 주목하는 것도 이 때문이다. 패스트푸드나 인스턴트(효소가 파괴된 상태의 음식)를 많이 섭취하는 현대인은 발효식품과 생식을 즐겨 먹던 예전에 비해 몸속의 효소량이 현저히 부족하다는 연구 결과가 있다. 효소가 부족하면 음식을 먹어도 영양이 제대로 흡수되지 않고 신진대사가 제대로 이루어지지 않아 체내에 독소가 쌓이는 악순환이 반복된다. 그만큼 효소는 우리 몸에 없어서는 안 될 매우 중요한 물질이다.

아마란스
병아리콩
퀴노아
치아시드
그린 렌틸콩
갈색 렌틸콩
주황 렌틸콩

슈퍼푸드 알아보기

일반적으로 슈퍼푸드로 지칭되는 식품들은 우리 몸의 면역력을 강화하는 물질이 풍부하게 들어 있다. 식물성 단백질과 아미노산, 비타민, 미네랄 등의 항산화 성분이 다량 함유되어 있고, 풍부한 식이섬유는 나쁜 콜레스테롤이 쌓이는 것을 방지하며 해독 작용에 도움을 준다. 또한 열량과 지방 함량은 상대적으로 낮아 다이어트 식품으로 활용되기도 한다. 물론 우리가 주로 먹는 곡물에도 영양이 풍부하다. 평소 즐겨 먹는 재료와 더불어 슈퍼푸드를 조금씩 활용한다면 더욱 다채롭고 균형 잡힌 식사가 될 것이다. 쉽게 구입할 수 있는 슈퍼푸드를 소개한다.

• 렌틸콩

기원전 6000년경부터 먹어온 렌틸콩은 주로 지중해 연안에서 재배된다. 렌틸콩에는 쇠고기의 1.6배에 달하는 단백질이 함유되어 있고, 그 밖에 철분, 엽산, 비타민B 등도 풍부해서 갱년기 여성과 임산부에게 매우 좋다. 식이섬유 함유량이 고구마의 10배로 포만감이 오래간다.
렌틸콩은 갈색, 주황색, 녹색 등이 있는데 주황색은 갈색 콩을 도정한 것이다. 주황색 렌틸콩은 섬유질이 갈색에 비해 조금 낮고 조리 시간이 짧아 끓는 물에 10~15분 정도면 익는다. 갈색은 30~35분, 녹색은 40분 이상 삶아야 먹기 좋게 익는다. 흐르는 물에 씻어 30분~1시간가량 불려서 조리하는 것이 좋다.

• 퀴노아

잉카어로 '곡물의 어머니'라는 뜻을 지닌 퀴노아 역시 고대부터 사랑받던 작물이다. 모든 필수아미노산이 고루 함유되어 있어 채식에 부족한 영양소를 채워준다. 글루텐이 없어 글루텐 알레르기가 있는 사람들도 안심하고 섭취할 수 있다. 퀴노아로 만든 파스타, 볶은 퀴노아, 발아 퀴노아 등 다양한 제품으로 나온다.

퀴노아는 향이나 맛이 강하지 않아 샐러드, 잡곡밥, 파스타 등 여러 요리에 활용하기 좋다. 알갱이가 매우 작아서 씻을 때 고운체를 이용해야 한다. 퀴노아는 삶는 시간이 매우 중요한데, 끓는 물에서 15분 정도 삶으면 알맞다. 투명해지기 시작할 때부터 몇 분간 더 익히되 푹 익히지 않도록 주의한다. 조금만 더 익혀도 금방 불어나 식감에 크게 영향을 주기 때문이다. 냄비에 퀴노아가 넉넉히 잠기도록 물을 붓고 중불에서 끓인다. 뚜껑을 열어두고 저어가며 익히고, 삶은 다음에는 바로 건져서 체에 받쳐 물기를 제거한다.

• 아마란스

글루텐이 함유되지 않은 아마란스 역시 고대부터 사랑받는 작물이다. 신이 내린 곡물이라고 불릴 정도로 각종 영양소가 풍부하다. 전체의 15~20퍼센트가 식물성 단백질로 이루어져 있고 스쿠알렌, 폴리페놀 등의 항산화 물질을 포함해 라이신, 타우린 등 필수아미노산이 다양하게 함유되어 있다. 항산화 성분인 스쿠알렌은 체내 활성산소를 제거하고 피부 노화를 늦추는 데 도움을 준다.
아마란스를 넣어 밥을 지으면 쌀에 부족한 영양소를 보충하고 혈당을 낮출 수 있다. 삶거나 볶아서 샐러드 위에 토핑하거나 나물과 함께 무치는 방법도 있다. 아마란스를 물에 씻은 뒤 체에 받쳐 물기를 제거하고 깨를 볶듯 마른 프라이팬에 볶는다. 알갱이가 매우 작은 편이므로 씻을 때 고운체를 이용한다.
원산지는 남미 지역이지만 국내에서도 친환경 농법으로 대량생산 및 수확하는 곳이 점점 늘어나고 있다.

• 치아시드

치아라는 식물의 씨앗으로 고대 아즈텍인과 마야인들이 즐겨 먹었다고 한다. 단백질과 섬유질이 많아 다이어트에 좋은 식품 중 하나이다. 수용성 섬유질로 이루어진 겉껍질은 수분과 만나면 10배 가까이 팽창하는 특징이 있다.

치아시드 1큰술에는 우유 1컵보다 많은 양의 칼슘이 들어 있고, 오메가-3 지방산이 풍부해 나쁜 콜레스테롤은 줄이고 좋은 콜레스테롤 수치를 높인다. 또 치아시드 속 칼륨은 체내 나트륨 배출에 매우 효과적이다.

아몬드 밀크, 코코넛 밀크 또는 요거트 등에 섞어 하루 동안 불리면 푸딩과 같은 질감이 된다. 특별한 맛과 향이 없어 과일이나 채소 등의 다른 재료와 섞어도 이질감이 없다. 과도한 양의 섬유질은 복통 또는 설사를 유발할 수 있으므로 하루에 2큰술 이상 섭취하지 않도록 주의한다.

• 병아리콩

이집트콩, 칙피, 가르반조 빈즈라고도 부른다. 다른 콩에 비해 비린 맛이 거의 없어 거부감이 적다. 주로 중동 지역, 지중해, 인도 등지에서 많이 먹는데, 슈퍼푸드로 알려지면서 우리나라에서도 수요가 점점 늘고 있다. 단백질과 섬유질, 각종 미네랄이 풍부하게 함유되어 안티에이징 효과가 좋은 식품이다.

병아리콩은 최소 2~3시간 이상 불려야 한다. 삶을수록 부드러워지므로 원하는 식감대로 조리 시간을 조절한다. 병아리콩을 이용한 대표적인 메뉴가 후무스다(109, 113쪽). 후무스를 만들 때는 주로 통조림 제품을 사용하는데, 껍질이 벗겨져 있어 부드럽기 때문이다. 집에서 직접 만들 때는 불려서 삶고 껍질을 벗겨서 이용한다. 껍질째 갈아도 무방하지만 식감이 거칠어진다. 베이킹에는 밀가루 대용으로 병아리콩 가루를 사용하기도 한다.

영양 비교 100g 기준

	단백질	식이섬유	조리 시간
렌틸콩	26g	30g	30~40분
퀴노아	14g	7g	15분
아마란스	14g	7g	15~20분
치아시드	16g	38g	생으로 먹거나 하루 동안 불려서 사용
병아리콩	19g	17g	40~50분

Shirley Bar Living
Ethiopian Tahini
Natural • Raw • Vegan
SHIRLEY BAR
EAT CLEAN • LIVE WELL
Net. Wt. 16 oz (454g)

nutiva
NURTURE VITALITY
coconut oil
ORGANIC
SUPERFOOD
VIRGIN
Ideal culinary cooking oil

now
Nutritional Yeast Powder
Super Food
Fortified with additional B-Vitamins
Net Wt. 10 oz. (284 g)
Vegetarian/Vegan

KIRKLAND
ORGANIC
UNSWEETENED
ALMOND
NON-DAIRY BEVERAGE
Vanilla
30
CALORIES PER SERVING
USDA ORGANIC
946mL (1 QT) 32 FL OZ

EXTRA VIRGIN
OLIVE OIL
RS

PATRICIA BRAGG
PAUL C. BRAGG
BRAGG
ORGANIC
RAW ~ UNFILTERED
APPLE CIDER
VINEGAR
With The 'Mother'
USDA ORGANIC
UNPASTEURIZED
Naturally Gluten-Free
32 FL OZ (1QT) 946 mL
Health Crusaders Since 1912

Bob's Red Mill
SUPER-FINE
ALMOND FLOUR
FROM BLANCHED WHOLE ALMONDS
Great for baking!
Almond Flour is simply skinless, blanched almonds that have been ground to a super-fine texture. It is gluten free and contains 6 grams of carbohydrates per serving. Use it in grain free and gluten free baking, or try it as a breading for meats and vegetables. It lends a moist texture and rich, buttery flavor to cakes, cookies, pancakes and muffins.
NET WT 16 OZ (1 LB) 453g
wholesome
keeps best refrigerated or frozen

Edmond Fallot
MOUTARDE DE DIJON

MAILLE
DIJON
MAILLE
à l'Ancienne
Old Style
MOUTARDE • MUSTARD

Bob's Red Mill
ORGANIC
COCONUT SUGAR
SIMPLY SWEET
You Can See Our Quality!
Bob's Red Mill Coconut Sugar is made from the nectar of coconut palm tree blossoms. It is a wholesome alternative sweetener that can be used in many recipes as a one-to-one replacement for white sugar or brown sugar. The mellow caramel flavor is perfect in cookies, cakes and quick breads. For a delicious breakfast, top your oatmeal with a spoonful of coconut sugar.
NET WT 16 OZ (453g)
wholesome
premium quality

친숙한 재료도 있지만 흔히 쓰이지 않는 재료들도 많을 것이다. 그러나 대부분 온라인 또는 오프라인(백화점, 대형마트)에서 쉽게 구할 수 있다. 조금 생소한 재료는 대체할 수 있는 재료를 덧붙였다. 하지만 가급적 본래 재료를 사용할 것을 권한다.

❶ 견과류

견과류에는 호르몬을 적절하게 조절하고 뇌 기능을 활성화하는 필수지방산이 다량 함유되어 있다. 불포화지방산은 혈액순환을 원활하게 하고 콜레스테롤 수치를 낮춰 혈관이나 심장 건강에 매우 유익하다. 견과류의 좋은 점은 잘 알고 있으면서도 꾸준히 챙겨 먹기가 쉽지 않은데, 로푸드 디저트를 이용하면 다양한 방법으로 즐길 수 있다. 로푸드는 견과류를 물에 불려 사용하는데 불순물이 제거되고 씨앗의 효소가 활성화되기 때문이다. 재료의 혼합이나 조리 방법에 따라 다양한 식감을 낼 수 있으니 적극 활용해 보자.
견과류를 잘못 보관하면 아플라톡신이라는 곰팡이 독소가 생성된다. 한번 개봉한 제품은 빠른 시일 내에 섭취하고 산소와 접촉하지 않도록 잘 밀봉해서 냉장 또는 냉동 보관하는 것이 좋다.

❷ 뉴트리셔널 이스트

뉴트리셔널 이스트(영양 효모)는 향과 맛이 치즈와 비슷해 채소 요리에서 조미료 역할을 한다. 채식주의자들에게는 치즈 대용으로 쓰이기도 한다. 비활성 상태의 효모이기 때문에 발효 능력이 없어 음식에 영향을 미치지는 않는다. 채소 요리에서 부족할 수 있는 비타민B군의 영양소가 매우 풍부하고 각종 미네랄과 단백질이 몸의 에너지를 높여주며, 피부가 좋아지고 면역력을 높이는 데도 도움이 된다. 간단하게 섭취하는 방법은 샐러드나 파스타, 수프 등에 1~2큰술 뿌려 먹는 것이다. 고소하면서도 감칠맛이 있어 채소 요리를 더욱 맛있고 풍부하게 해준다.

❸ 디종 머스터드 / 홀그레인 머스터드

프랑스 디종 지역에서 처음 만들었다 하여 디종 머스터드라고 불린다. 겨자씨의 껍질을 벗겨 곱게 분쇄한 가루에 식초, 향신료, 소금, 정제수 등을 섞어서 만든다. 홀그레인 머스터드는 겨자씨를 거칠게 부순 것으로 씹히는 식감이 있다. 육류 요리와 궁합이 좋은 소스로 알려져 있지만 구운 채소와도 매우 잘 어울리고 샐러드 드레싱에 활용하기도 좋다.

❹ 비니거

애플사이다 비니거

식초는 제조 방법에 따라 크게 양조식초와 천연 발효식초로 나눌 수 있다. 양조식초의 성분 표시 라벨을 보면 주정(또는 주요)이라는 성분이 있다. 이것은 알코올에 초산균을 넣어 2~3일 내로 속성 발효한 것이다. 반면 천연 발효식초는 자연 발효에서 얻어지는 식초로 영양이나 효능에서 주정 식초보다 훨씬 이롭다. 여러 가지 발효식초가 있지만 그중 애플사이다 비니거는 요리에 쓰거나 음용하기에 무난하고 두루두루 활용도가 높다. 애플사이다 비니거에 함유된 아세트산은 소화를 돕고 탄수화물을 당분으로 분해하는 소화효소를 억제함으로써 식사 후 물과 희석해 마시면 혈당이 급격히 오르는 것을 예방한다.

대체 재료 : 사과 식초, 감 식초 등의 천연 발효식초

화이트와인 비니거

서양 요리에서 흔히 쓰이는 화이트와인 발효식초로 깔끔하고 산뜻하면서도 단맛이 있다. 생선 요리나 절임류, 그리고 샐러드 드레싱에 많이 쓰인다.

대체 재료 : 현미 식초

❺ 아몬드 가루

디저트를 만들 때 밀가루와 같이 사용하거나 밀가루 대용으로 사용한다. 아몬드 플라워, 아몬드 밀이라고도 부른다. 아몬드 밀크를

만들고 남은 찌꺼기를 말리면 아몬드 가루가 된다. 시중에서 판매되는 제품은 대부분 아몬드 껍질을 벗겨서 가루로 만들었기 때문에 색이 하얗고 균일하다.

❻ 아몬드 밀크

아몬드 밀크에는 락토스가 없기 때문에 우유를 잘 소화하지 못하는 사람들에게 좋고, 집에서 만들기도 쉽다. 아몬드 밀크에 함유된 비타민E는 노화를 예방하고 피부 미용에 탁월한 효과가 있는 것으로 알려져 있다. 시중에 판매되는 제품 중에는 설탕, 유화제, 산화방지제 등의 식품 첨가물이 들어 있는 경우도 있으니 꼼꼼히 살펴보고 구매한다.
대체 재료 : 무가당 두유, 캐슈너트 밀크

❼ 올리브 오일

올리브 오일은 풍미, 산미, 향기에 따라 등급이 나뉜다. 가장 높은 등급인 엑스트라 버진 올리브 오일은 열매를 수확해 맨 처음 압착한 오일로 산도가 0.8퍼센트 미만이다. 열을 가하지 않고 압착 방식으로 추출하여 열매의 영양소와 향이 그대로 들어 있다. 이때 추출 과정이 빠르게 진행될수록 향이 풍부하고 질 좋은 오일을 얻는다. 열매가 손상되지 않도록 수확한 후 24시간 이내에 압착해 산화를 최소한으로 줄여야 품질 좋은 올리브 오일이 만들어진다. 따라서 산도가 낮을수록 깊은 맛과 향을 느낄 수 있으며 그만큼 가격도 올라간다. 이탈리아에서는 와인처럼 올리브 오일에도 원산지 표지제도(D.O.P)를 도입해 생산 지역을 확인할 수 있다. 엑스트라 버진 올리브 오일은 다른 등급에 비해 폴리페놀 함량이 높아 알싸한 맛이 강하다.
두 번째 등급은 버진 올리브 오일인데 만드는 방식은 엑스트라 버진 올리브 오일과 같지만 압착 과정을 한 번 더 거쳐 산도가 2퍼센트 미만이다.

퓨어 올리브 오일은 열 처리나 화학 처리를 거친 정제 오일과 버진 오일을 혼합해 만든 오일이다. 정제 과정을 거치는 것은 오일 속 결함을 제거하기 위함이다.
그 밖에 포마스 오일(정제 올리브 오일의 함량이 높은 것), 연료로 쓰이는(식용 불가 등급) 람판테 오일이 있다.
좋은 올리브 오일을 고르기 위해서는 유기농법으로 갓 수확한 올리브를 냉압착 방식으로 추출했는지, 갈색 유리병에 담겨 있는지, 산도가 낮은 제품인지 체크한다.

❽ 코코넛 슈거

설탕을 과다 섭취하면 우리 몸에 흡수되는 과정에서 혈당 수치가 급격히 올라가 췌장에서 다량의 인슐린이 분비된다. 이것을 막기 위해 우리 몸은 한꺼번에 들어온 포도당을 지방으로 저장하고 저혈당 상태로 만든다. 이것이 반복되면 손상된 신체는 회복이 어려워지고 스스로 혈당 조절이 힘들어져 결국 당뇨병에 걸리기 쉽다. 유해한 당 섭취량을 줄이기 위해 설탕 대체 식품을 찾는 사람이 점점 늘어나면서 제품의 종류도 다양해지고 있다. 대표적으로 올리고당, 메이플 시럽, 아가베 시럽 등이 있고 몇 년 전부터 코코넛 오일이 유행하면서 코코넛 슈거의 소비도 점차 늘어나는 추세다. 설탕보다 덜 달고 각종 미네랄이 함유되어 있지만 코코넛 슈거 역시 당이니 과다 섭취는 하지 않도록 주의한다.
대체 재료 : 유기농 설탕, 아가베 사럽, 메이플 시럽

❾ 코코넛 오일

중쇄지방산이라고도 불리는 중간사슬지방산(MCT)은 소화 흡수가 잘되어 에너지원으로 쓰이고 연소가 빠르다는 특징이 있다. 코코넛 오일 속 포화지방의 주성분은 중간사슬지방산으로 이루어져 있다. 이는 탄소 개수에 따라 카프릭산, 카프릴릭산, 라우르산 등으로 분류된다. 이 중 라우르산은 면역력을 높이고 항균 작용이 뛰어나 천연 항생제로 불린다. 특유의 달콤한 향이 나며 낮은 온도에서

굳는 성질이 있어 로푸드 디저트를 만들 때 버터 역할을 하기도 한다. 발연점이 낮은 편이므로 튀김처럼 고온에서 조리할 때 사용하기에는 적당하지 않다. 생으로 섭취하는 것이 가장 좋고 저온 압착 방식으로 추출한 코코넛 오일을 구매한다.

대체 재료 : 코코넛 오일은 낮은 온도에서 굳는 성질을 이용해 요리나 베이킹에 사용하는 경우가 많다. 여의치 않을 때는 버터를 사용한다.

⑩ 타히니

중동 요리에서 많이 쓰이는 양념으로 참깨를 오일과 함께 갈아 만든 페이스트 형태의 소스다. 깨의 볶은 정도에 따라 타히니의 색이 진해지며 특별히 생 깨로 만든 것은 로우 타히니라고 부른다. 후무스, 바바 가누시 등을 만들 때 사용하며 드레싱이나 딥핑 소스로 이용하기도 한다. 필수아미노산의 일종인 메티오닌이 풍부해 채소에 부족한 영양소를 보완한다.

대체 재료 : 타히니를 구할 수 없을 때는 참깨와 오일(식용유나 참기름 등)을 같이 갈아 쓰는 방법이 있다.

Ball

채소 요리가 쉬워지는 도구

다음의 조리 도구가 있으면 채소를
손질하거나 조리할 때 매우 편리하다.

❶ 스파이럴라이저 또는 채소 필러

스파이럴라이저는 채소를 돌려서 깎는 회전 채칼인데 국수처럼 길게 자를 수 있다. 스파이럴라이저는 본체에 날을 갈아 끼울 수 있고, 다양한 채칼이 있어서 원하는 두께나 넓이로 채썰기가 가능하다. 옥소 제품이 비교적 튼튼하며 오래 사용할 수 있다.

이보다 간단한 도구로는 채소 필러가 있는데 톱니 모양 날이 있어서 채를 만들기 쉽다. 하지만 두께를 조절할 수 없다는 단점이 있다. 줄리엔느 필러라고도 하며 브랜드별로 디자인이 다양하다. 스테인리스스틸 제품을 추천한다.

뿔 모양으로 생긴 채칼은 연필을 깎듯이 채소를 손으로 돌려가며 깎는 도구다. 비용은 스파이럴라이저보다 저렴하지만 단단한 채소를 손질할 때는 힘이 많이 들어간다는 단점이 있다.

❷ 핸드블렌더

적은 양의 재료를 갈 때 매우 편리하다. 특히 드레싱이나 소스를 만들 때 간편하며 날만 따로 분리되어 세척하기

도 쉽다. 핸드블렌더는 모터 힘이 약해서 수분감이 적은 재료는 갈기가 어렵다.

❸ 푸드프로세서

겉모양은 믹서기와 비슷하지만 기능은 다르다. 믹서기가 재료를 곱게 가는 것이라면 푸드프로세서는 재료의 입자를 살려 다지는 분쇄 기능에 초점이 맞춰진 도구다. 페스토를 만들 때 푸드프로세서를 이용하면 재료의 식감도 살리고 블렌더에 비해 영양소 파괴도 덜하다. 날과 컨테이너를 목적에 따라 교체해서 사용할 수 있으며 4~5가지 기능이 있다. 베이킹 반죽, 많은 양의 채소나 허브를 다질 때, 견과류를 말린 과일과 함께 다지거나 뭉칠 때 유용하다.

❹ 법랑 용기

가격대가 있지만 흰색의 깨끗한 느낌과 군더더기 없는 심플한 디자인 때문에 꾸준히 사랑받는 주방 용품이다. 법랑이란 금속 소재에 에나멜 코팅을 한 것으로 표면이 유리질 유약으로 마감되었다. 색이나 냄새 배임이 적고 세균 번식이 어려워 위생적이다. 그러나 충격과 급격한 온도 차에는 매우 약하므로 조심해야 한다. 떨어트리거나 충격이 가해지면 유리질 표면이 깨질 수 있다. 닦을 때는 부드러운 수세미를 사용하고 전자레인지 사용은 금한다.

❺ 유리병(저장병)

곡류, 콩류 등 건조식품부터 피클이나 소스처럼 수분이 많은 식품까지 보관하기에 좋다. 특히 투명해서 내용물을 볼 수 있고 위생적이라는 것이 매우 큰 장점이다. 또한 열탕 소독을 할 수 있어 오래 보관해야 하는 저장 식품은 유리병이 제격이다(35쪽). 색이 강한 음식을 담았을 때도 착색되지 않으며 플라스틱에 비해 냄새 배임이 적고 기름진 음식을 담아도 환경호르몬으로부터 안전하다. 유리병을 구매할 때 디자인을 통일하면 보기도 좋고 수납하기도 쉽다. 뚜껑의 재질도 다양한데 알루미늄은 녹이 슬어 자주 교체해야 하는 단점이 있다.

❻ 계량스푼, 계량컵

일반 스푼을 사용해도 되지만 계량스푼과 계량컵이 있으면 더 정확하게 계량할 수 있어 맛의 오차 범위가 줄어든다. 특히 베이킹을 할 때는 정확한 계량이 필수이기 때문에 하나씩 구비해 두면 유용하다.

다양한 소재의 계량 도구가 있는데 스테인리스스틸 제품이 위생적이고 오래 사용할 수 있다. 가루를 계량할 때는 원통 모양의 계량스푼, 액체나 소스를 계량할 때는 입구가 넓은 계량스푼이 편리하다. 일체형 계량스푼은 1큰술(15ml)과 1작은술(5ml)로 구성되어 있고 주로 한식 요리에 쓰인다. 분리형 계량스푼은 1큰술, 1작은술, 1/2작은술, 1/4작은술로 나눠져 있다. 계량컵은 1컵(250ml), 1/2컵(125ml), 1/3컵(80ml), 1/4컵(60ml)으로 나눠진 것이 편리하다. 유리 계량컵은 100ml 단위로 나눠져 있어 큰 단위로 요리할 때 유용하다. 재료를 담아 평평하게 깎아서 계량하는 것이 정확하다.

❼ 매셔

삶은 감자, 단호박, 고구마 등을 으깨는 데 사용되는 도구다. 흔들림이 없고 튼튼해야 사용하기 편리하다. 심플한 디자인을 원한다면 자주(JAJU)나 무인양품의 제품을 추천한다.

❽ 스퀴저

다양한 소재와 형태의 스퀴저가 있는데 도자기나 스테인리스스틸이 관리와 세척이 용이하다. 감귤류를 짤 때 씨가 걸러지면서 즙만 사용할 수 있다. 사진 속 블랙 스퀴저는 킨토 제품이다.

❾ 강판

플라스틱 강판은 감자나 무 등 크고 무른 재료를 갈기에 좋다. 스테인리스스틸로 된 작은 강판은 생강이나 마늘 등 작은 크기를 갈 때 유용하다. 재료를 손수 강판에 갈면 수고스럽지만 믹서기로 갈았을 때와 식감 차이가 매우 크다. 이유식을 만들 때도 강판을 사용하면 영양소 파괴가 적다.

❿ 그레이터

4면으로 된 박스형 그레이터는 칼날 두께에 따라 채소를

짧은 길이로 채썰기가 가능하다. 많은 양의 재료를 손질하거나 치즈를 갈 때 4면 그레이터가 편리하다. 손잡이형 그레이터는 강판의 날에 따라 재료가 갈리는 정도나 굵기가 달라지므로 용도에 맞게 선택한다. 박스형 그레이터에 비해 부피가 적어 보관과 이동이 쉽지만 날이 하나밖에 없다는 단점이 있다.
주로 치즈를 갈 때 사용하는 제스터는 감귤류의 껍질이나 단단한 향신료를 갈 때 사용한다. 회전식 그레이터는 재료를 원형 칼날에 넣고 손잡이로 돌리는 방식이다. 잣, 호두 등 크기가 작은 재료를 안전하게 갈 수 있고, 다른 그레이터에 비해 힘이 덜 든다는 장점이 있지만 원통보다 큰 재료는 갈기가 힘들다. 마이크로플레인, 트라이앵글사의 제품이 다양하고 내구성과 디자인도 훌륭하다.

⑪ 소스팬

소량의 양념을 졸일 때 주로 이용하지만 적은 양의 곡물, 콩 등을 삶을 때도 매우 유용하다. 적은 양의 과일 퓨레를 만들 때도 효율적이다. 바닥 밑면이 10~12cm 크기의 냄비가 좋다.

⑫ 무쇠팬, 무쇠냄비 / 주물냄비

두께가 있는 무쇠팬과 무쇠냄비는 바닥에 열이 고루 전달되어 조리 시간을 단축해 영양소 손실을 줄이고 재료 본연의 맛을 살려준다. 온기가 오래 유지되어 냄비째 식탁에 올렸을 때 오래도록 따뜻하게 먹을 수 있다. 가스레인지, 오븐에서 모두 사용 가능하며 바닥이 납작한 것은 인덕션에도 사용 가능하다. 소재 특성상 무겁다는 것이 가장 큰 단점이고 무쇠팬은 녹을 방지하기 위해 시즈닝을 주기적으로 해야 한다.
시즈닝은 식물성 오일을 얇게 도포한 후 하얀 연기가 멈출 때까지 중약불에서 가열하는 것이다. 이를 3~4번 반복한 다음 키친타월로 닦아냈을 때 그을음이 묻어나지 않으면 된다. 설거지할 때는 세제를 사용하지 않고 부드러운 수세미로 닦아낸 후 물기를 완전히 말려 보관한다.
주물 냄비는 무쇠에 에나멜 코팅을 한 것으로 법랑 용기처럼 충격에 약하므로 주의한다. 흠집이 생기지 않도록 부드러운 조리도구를 이용하고 세척 시에도 부드러운 수세미를 사용한다. 냄비가 비어 있는 상태로 열을 가하거나 급격한 온도 변화는 제품을 상하게 하므로 각별히 주의한다.

유리병 소독하는 방법

유리병을 열탕 소독할 때 처음부터 찬물에 넣고 삶아야 서서히 온도가 올라 유리병이 깨지지 않는다. 냄비에 여러 개를 넣고 삶을 경우 깨끗한 행주를 유리병 사이사이 끼우면 끓을 때 부딪치는 것을 줄일 수 있다. 고무패킹이 있는 알루미늄 뚜껑이나 플라스틱 뚜껑은 같이 삶지 않도록 주의한다.

1. 밑면이 넓은 냄비에 유리병과 물을 담는다.
2. 물이 끓기 시작하면 중약불로 줄이고 10분 정도 충분히 삶는다.
3. 유리병을 냄비에서 꺼내고 그대로 물기를 완전히 말린다.

PART 1.

홈메이드 저장 식품

잼, 피클, 소스 등의 저장 식품을 만들어두면 끼니마다 요긴하게 쓰인다. 특히 로메스코 소스나 데리야키 소스는 요리에 바로 활용할 수 있어 매우 유용하다. 시간과 노력이 들어가기는 하지만 저장 식품을 집에서 만들어두면 당도나 염도를 원하는 대로 맞출 수 있고 각종 식품 첨가물을 넣지 않아 무엇보다 안전한 먹거리를 즐길 수 있다. 제철 과일로 잼을 만들어보면 자연이 주는 소중함과 풍요로움을 피부로 느낄 수 있을 것이다.

WECK
1915

비건 버터

결론부터 말하자면 버터를 대체할 만한 재료는 없다. 버터의 풍미가 더해지면 음식의 맛과 향이 한 단계 올라가므로 요리에서 버터가 차지하는 비중은 상당히 크다. 그러나 비건 버터는 채식주의자나 유제품을 몸에서 받아들이지 못하는 사람들에게 훌륭한 대안이 될 것이다.

재료

아몬드 플라워 50g, 아몬드 밀크 200ml, 애플사이다 비니거 1작은술, 소금 1/2작은술, 뉴트리셔널 이스트 1작은술, 강황 가루 약간, 포도씨유 3큰술, 정제 코코넛 오일 250ml

1. 아몬드 밀크에 애플사이다 비니거를 넣고 섞은 다음 10분간 그대로 둔다.

   참고 ‣ 아몬드 밀크 속 단백질이 애플사이다 비니거의 산 성분과 만나 응고되면 오일을 넣었을 때 유화가 잘되어 버터 만들기가 쉽다.

2. 믹서기에 1과 아몬드 플라워, 소금, 뉴트리셔널 이스트, 강황 가루를 넣고 돌려서 잘 섞는다.

   참고 ‣ 강황 가루는 색을 내기 위한 것이므로 아주 소량만 넣거나 생략해도 무방하다. 뉴트리셔널 이스트 25쪽

1 1-1 2 2-1

3. 2에 포도씨유와 정제 코코넛 오일을 넣고 5~7분간 믹서기에 돌린다.

참고 ‣ 정제되지 않은 코코넛 오일은 향이 너무 강하므로 정제된 것을 사용한다.

4. 믹서기의 내용물이 회오리치듯 돌다가 어느 순간 되직해지면서 잘 돌아가지 않으면 작동을 멈춘다.

5. 4를 밀폐용기에 담아 냉장고에 넣고 하루 동안 굳힌다.

비건 버터를 만들 때는 레시틴과 잔탄검이라는 식품 첨가물을 넣는 방법과 넣지 않는 방법이 있다. 레시틴과 잔탄검은 가정에서 흔히 쓰이는 재료가 아니므로 여기서는 넣지 않는다. 레시틴은 보존성을 높이고 영양을 강화하는 역할을 하고, 잔탄검은 제품의 점성을 높여 좀더 되직하게 만든다. 비교적 안전한 식품 첨가물로 대부분 2가지 성분을 넣지만, 비건 버터를 만들기 위해 일부러 살 필요는 없다.

로메스코 소스

스페인의 카탈루냐 지방에서는 칼숏이라는 채소를 직화로 구워 로메스코 소스에 찍어 먹는다. 이를 칼숏타다라고 하는데 칼숏은 생김새가 우리나라 대파와 비슷하게 생겼지만 양파과에 속하고 맛이 더 달콤하다. 로메스코 소스는 고기를 찍어 먹거나 빵에 바르거나 면을 비벼 먹어도 좋다. 주로 구운 토마토, 구운 파프리카를 넣어서 만드는데 파프리카 특유의 달콤함이 맛의 풍미를 더한다.

재료

파프리카 3개, 아몬드 35g, 캐슈너트 50g, 선드라이 토마토 40g, 올리브 오일 125ml, 뉴트리셔널 이스트 1큰술(또는 파마산 치즈 20g), 소금 1/2작은술

1. 파프리카는 씻어서 물기를 닦고 껍질이 고루 까맣게 탈 때까지 직화로 굽는다.
2. 구운 파프리카는 실온에 2~3분간 식혔다가 흐르는 물에 씻어 껍질을 벗긴다.
3. 파프리카를 절반으로 가르고 꼭지와 씨를 제거한다.
4. 파프리카를 큼직하게 잘라서 키친타월로 물기를 닦는다.
5. 올리브 오일을 제외한 모든 재료를 큰 볼에 담아 핸드블렌더나 믹서기로 갈아준다. 재료를 가는 중간에 올리브 오일을 세 번에 걸쳐 나눠 넣는다.
6. 모든 재료가 부드럽게 갈리면 유리병에 담아 냉장 보관한다.

WECK

파프리카 마리네이드

마리네이드란 고기나 생선에 향신료, 산, 오일 등을 더해 잡내를 없애고 향과 맛을 더하는 것을 말한다. 고기를 연하고 부드럽게 해주는 역할을 하기도 한다. 파프리카를 구우면 단맛이 매우 강해지는데 마리네이드를 하면 새콤한 맛과 조화롭게 어울린다. 일주일에서 열흘 정도 냉장 보관이 가능하므로 한번 만들어두면 꽤 유용하다.

재료

파프리카 3개, 애플사이다 비니거 4큰술, 설탕 2작은술, 소금 1작은술, 올리브 오일 120~150ml, 드라이 허브(파슬리 또는 바질) 1작은술, 크러시드 페퍼 1작은술

1. 파프리카는 씻어서 물기를 닦고 직화로 겉이 까맣게 될 때까지 굽는다. ♢♦♦
2. 구운 파프리카를 실온에 2~3분간 식힌다.
3. 파프리카를 흐르는 물에 씻어 껍질을 벗긴다.
4. 파프리카의 꼭지와 씨, 속의 심지를 제거한다.

1 2 3 4 4-1

5. 파프리카를 1cm 두께로 썰어서 키친타월로 물기를 제거한다.

6. 소독한 유리병에 파프리카를 차곡차곡 담는다.

7. 계량컵에 애플사이다 비니거, 설탕, 소금을 넣고 녹을 때까지 저어준다.

참고 ▸ 애플사이다 비니거 26쪽

8. 7에 올리브 오일을 붓고 잘 저어준다.

참고 ▸ 유화한 후 재우면 맛과 향이 파프리카에 골고루 밴다.

9. 파프리카를 담은 유리병에 8을 붓는다.

10. 드라이 허브와 크러시드 페퍼를 넣고 뚜껑을 닫아 실온에서 한나절 숙성한 다음 냉장 보관한다.

참고 ▸ 드라이 허브는 대형마트에서 쉽게 구할 수 있다. 크러시드 페퍼는 마른 고추를 굵게 다진 것으로 역시 대형마트에서 살 수 있다.

WECK

당근 샐러드

프랑스의 김치라고 해도 좋을 만큼 프랑스 식탁에 자주 오르는 당근 라페에서 아이디어를 얻어 만들었다. 기호에 따라 허브를 다져 넣기도 한다. 레몬즙을 넣는 것이 일반적이지만 다른 시트러스(감귤류) 계열과도 잘 어울리므로 자몽 또는 오렌지를 첨가하면 색다른 맛을 즐길 수 있다.

재료

당근 큰 것 1개(300g), 소금 1작은술, 자몽즙 50ml(1/2개 분량), 생강청 2작은술, 애플사이다 비니거 1큰술, 꿀 1작은술, 올리브 오일 2큰술, 후춧가루 조금

1. 당근은 깨끗이 씻어서 필러로 껍질을 벗기고 가늘게 채를 썬다.
2. 채 썬 당근을 볼에 담고 소금을 뿌린 후 골고루 섞어 15분간 재운다.
3. 자몽을 반으로 잘라서 즙을 낸다.
4. 자몽즙에 생강청, 애플사이다 비니거, 꿀, 올리브 오일, 후춧가루를 넣고 섞는다.
5. 2에 4를 붓고 고루 섞는다.
6. 유리병에 담아 냉장고에 보관한다.

사과 콤포트

콤포트는 잼에 비해 설탕을 적게 사용하고 과육의 식감을 살리기 위해 단시간에 조리한다. 잼처럼 빵에 발라 먹는데 단맛도 덜하고 씹는 맛이 있어 그냥 디저트로 먹기도 한다.

재료

껍질과 씨를 제거한 사과 600g, 설탕 150g, 화이트와인 150ml, 레몬 1개, 시나몬 스틱 1개(시나몬 파우더 1/2작은술로 대체 가능)

1. 사과는 씻어서 껍질과 씨를 제거하고 3mm 두께로 썬다. 레몬은 베이킹소다로 문질러 깨끗이 씻은 후 반으로 잘라 씨를 제거하고 절반만 껍질째 5mm 두께로 썬다.
2. 1에서 손질한 사과와 레몬, 설탕, 화이트와인, 시나몬 스틱을 냄비에 담고 뚜껑을 덮어 중약불에서 중간 중간 주걱으로 저어주며 20분간 끓인다.
   참고 ‣ 시나몬 파우더를 사용할 경우에는 마지막에 넣는다.
3. 20분이 지나면 뚜껑을 열고 약불로 줄여서 15~25분 더 끓이는데 5분에 한 번씩 저어준다. 다 끓으면 계피는 건져내고 남은 레몬 반 개를 짜서 즙을 뿌리고 섞는다.
4. 소독 후 잘 말린 유리병에 뜨거운 콤포트를 담고 뚜껑을 닫아 병을 거꾸로 세운 상태에서 완전히 식힌 다음 냉장 보관한다.
   참고 ‣ 유리병 소독하는 방법 35쪽
   tip ‣ 뜨거울 때 병에 담아 거꾸로 세워두면 식으면서 병 속의 공기가 빠져나와 진공 상태가 되고, 온도 차로 인해 습기가 맺히는 것을 방지한다. 보존료를 쓰지 않기 때문에 진공 상태로 보관해야 곰팡이가 피는 것을 막고 오래 보관할 수 있다.

1

2

3

잼이나 콤포트를 만들 때는 타기 쉬우므로 바닥이 두꺼운 냄비나 주물 냄비가 좋다. 설탕이 적게 들어가 오래 저장할 수는 없으니 조금씩 만들어 먹는다. 과일의 당도가 높다면 설탕의 양은 줄이고 레몬즙의 양을 늘려서 상큼한 맛을 살려도 좋다. 크림치즈를 바른 빵이나 팬케이크에 곁들이면 맛있다. 냉장 보관하고 1~2주일 내로 다 먹는다.

데리야키 소스

일본 요리에 많이 쓰이는 달콤한 양념장으로 본래 고기의 뼈나 생선 뼈로 만든 육수를 사용하는데, 여기서는 채소만으로 만들어보았다. 고기나 생선 요리에 사용하면 잡내를 없애주고, 두부 요리, 채소 구이, 볶음밥 등에 다양하게 활용할 수 있다.

재료

대파 흰 부분 4~5대, 양파 작은 것 1개, 생강 1개, 마늘 4개, 표고버섯 2개, 양조간장 150ml, 국간장 50ml, 청주 150ml, 미림 50ml, 물 350ml, 설탕 150g, 유자청 2큰술

1. 대파는 흰 부분으로 준비하고, 양파는 링 모양으로 두껍게 썰어둔다. 표고버섯은 채를 썰어서 준비한다.
2. 표고버섯은 예열한 마른 팬에 노릇노릇 굽는다. 역시 예열한 팬에 대파와 양파를 갈색으로 변할 때까지 앞뒤로 굽는다. 🌢🌢
   참고 ▸ 표고버섯의 기둥은 떼어두었다가 3의 간장을 끓일 때 넣는다.
3. 냄비에 2를 넣고 양조간장, 국간장, 청주, 미림, 물, 설탕, 생강, 마늘을 넣고 중불에 끓인다. 끓기 시작하면 중약불로 줄여서 20분간 더 끓인다. 🌢🌢 > 🌢🌢
4. 3에 유자청을 넣고 약불에서 15~20분 더 끓인다. 처음보다 2/3 정도 줄어들면 체에 걸러서 건더기는 버리고, 소스만 식혀서 소독한 유리병에 부어 냉장 보관한다. 🌢
   참고 ▸ 유자청 69쪽

타프나드

프랑스의 프로방스에서 유래한 소스로 식전 빵에 발라 먹거나 고기 또는 생선 요리에 곁들이는 소스다. 우리나라의 만능 양념장과 같은 역할을 한다. 기호에 따라 아몬드나 엔초비, 허브를 넣으면 고소한 맛과 감칠맛이 더해진다.

재료

올리브(씨를 뺀 것) 120g, 말린 표고버섯 1개(말리지 않은 것도 가능), 케이퍼 1큰술, 선드라이 토마토 15g, 레몬 1/2개(레몬즙 1큰술), 올리브 오일 6큰술, 마늘 2개

1. 말린 표고버섯은 물에 30분간 불렸다가 물기를 꼭 짜고 잘게 다진다.
2. 예열한 프라이팬에 올리브 오일을 조금 두르고 표고버섯을 수분이 날아갈 때까지 볶는다. 🔥🔥
3. 레몬은 반으로 잘라 껍질은 갈아서 제스트로 만들고 과육은 즙을 낸다.
4. 올리브는 씨를 제거하고 마늘은 잘게 다진다. 푸드프로세서에 모든 재료를 넣고 고루 섞이도록 갈아준다.

   참고 ‣ 푸드프로세서 대신 믹서기를 사용해도 되지만 재료가 너무 곱게 분쇄되지 않도록 주의한다. 중간 중간 믹서기를 멈추고 재료를 위아래로 섞어준다.
5. 4에 올리브 오일을 1~2큰술 추가해 농도를 원하는 대로 맞춘다.
6. 소독한 유리병에 담아 냉장 보관한다.

   참고 ‣ 유리병 소독하는 방법 35쪽

생 강 청

늦여름부터 초가을까지 제철인 생강은 신진대사를 돕고 몸을 따뜻하게 하는 효능을 가지고 있다. 이 시기에 생강청을 담가두면 겨우내 차로 즐기고 각종 요리의 양념으로 활용할 수 있다. 생강은 껍질이 얇고 상처가 없으며 단단한 것을 골라야 한다. 생강청은 곰팡이가 피기 쉬우니 생강과 설탕을 1 : 1로 넣어야 오래 보관할 수 있다.

재료

생강 500g, 유기농 설탕 500g

1. 생강은 겉에 묻은 흙을 구석구석 솔로 문지르면서 물에 씻어낸다. 씻은 생강은 체에 받쳐 물기를 제거하고 키친타월로 닦는다.
2. 물기가 마른 생강을 수저로 긁어 껍질을 벗긴다.
3. 껍질 벗긴 생강을 편으로 썰어서 준비한다.
4. 분량의 설탕과 편을 썬 생강을 잘 섞은 다음 실온에서 20분간 숙성한다.
5. 설탕이 어느 정도 녹으면 소독한 유리병에 담는다. 설탕이 완전히 녹을 때까지 실온에서 2~3일 정도 숙성한 다음 냉장 보관한다. 가끔 수저로 저어주면 설탕이 빨리 녹는다.

무화과 잼

쉽게 무르고 보관 기간이 짧은 무화과는 잼으로 만들어두면 좋다. 신맛을 가미하고 설탕을 적게 넣어도 충분히 단맛을 느낄 수 있고 끓이는 과정에서 향이 더 풍부해진다. 무화과 잼은 요거트에 넣어 먹어도 되고, 스테이크를 먹을 때 곁들이면 소화를 도와준다.

재료

무화과 1.5kg, 유기농 설탕 350g, 발사믹 식초 2큰술, 레드와인 2큰술, 레몬즙 3큰술

1. 무화과는 흐르는 물에 살살 헹구듯이 씻어서 4등분을 한다. 무화과와 설탕을 켜켜이 냄비에 담고 20분간 재워둔다.
2. 1을 중불에 올리고 끓기 시작하면 발사믹 식초와 레드와인을 넣고 중약불에서 30분간 더 끓인다. 중간 중간 떠오르는 거품을 걷어낸다.
3. 매셔로 무화과를 골고루 으깨고 약불로 줄여서 20~30분 더 끓인다. 처음보다 1/3 정도로 줄어들고 떨어뜨렸을 때 주르륵 흐르지 않는 농도가 되면 불을 끈다.
   참고 ▸ 매셔 33쪽
4. 레몬즙을 넣고 고루 섞는다. 뜨거운 상태에서 소독한 유리병에 담고, 뚜껑을 닫아 식으면 냉장 보관한다.

무화과는 항산화 성분이 풍부해서 체내 유해 산소와 중성지방을 제거하고 산성화된 체질을 개선해 준다. 8월 말에서 10월 말까지 짧은 기간 동안만 열매가 열리기 때문에 잼으로 만들어두면 오래 먹을 수 있다. 무화과를 고를 때는 갈라진 윗부분이 마르거나 곰팡이가 핀 것은 피한다.

딸기 잼

잼에 레몬즙을 넣으면 맛도 좋아지고 레몬에 함유된 구연산이 천연 방부제 역할을 해서 오랫동안 보관할 수 있다. 집에서 잼을 만들면 각종 첨가물을 넣지 않아서 안전하고 당도를 적당히 조절할 수 있다. 딸기만 이용해도 되지만 산딸기를 넣으면 맛과 향이 훨씬 풍부해진다.

재료

딸기 1.7kg, 산딸기 300g, 설탕 800g, 레몬 1개

1. 딸기와 산딸기는 깨끗이 씻어 체에 받쳐 물기를 뺀다.
2. 딸기 꼭지를 제거하고 4~5등분으로 자른다.
3. 냄비에 딸기와 산딸기, 설탕을 켜켜이 담고 30분간 재워둔다.
4. 센불에 끓기 시작하면 중불로 낮추고 20분간 더 끓인다(중약불에서 30분, 약불에서 40~45분). ●●● > ●● > ●

5. 끓이는 동안 주걱으로 저어주고 거품은 걷어낸다.
6. 잼을 찬물에 떨어트렸을 때 순식간에 퍼지지 않고 형태를 어느 정도 유지하면 적당한 묽기다.
7. 불을 끈 상태에서 마지막으로 레몬즙을 짜서 넣고 섞어준다.
8. 뜨거운 상태에서 소독한 유리병에 담아 식으면 냉장 보관한다.
   tip ▸ 뜨거울 때 담아 병을 거꾸로 세워 식히는 이유 51쪽

T296130320
70 mm

산딸기 치아시드 콤포트

잼보다 만드는 시간이 짧고 설탕도 적게 들어가는 콤포트는 오래 보관할 수 없으니 조금씩 만들어 빨리 먹는 것이 좋다. 치아시드에는 철분과 칼륨, 식이섬유, 오메가-3 등이 함유되어 있어 콤포트에 넣으면 포만감과 영양이 더해진다.

재료

산딸기 450g, 유기농 설탕 100g, 화이트와인 1큰술, 레몬즙 1큰술, 치아시드 1큰술

1. 산딸기를 깨끗이 씻어서 체에 받쳐 물기를 제거한다.
2. 냄비에 산딸기와 설탕을 켜켜이 담아서 실온에 20~30분 재워 둔다.
3. 2를 약불에 올려서 끓기 시작하면 화이트와인을 넣는다.
4. 종종 저어주면서 20분간 더 끓인다.
5. 불을 끈 다음 레몬즙과 치아시드를 넣고 고루 섞어준다.
6. 아직 뜨거운 산딸기 치아시드 콤포트를 소독한 유리병에 담고 식으면 냉장 보관한다.

Ball
WIDE MOUTH

콩 피클

삶는 시간이 오래 걸리는 강낭콩은 피클로 만들면 간편하게 먹을 수 있고, 샐러드 재료로 활용하기에도 좋다. 부드러운 신맛을 원한다면 식초 대신 화이트와인 비니거를 넣는다.

재료

강낭콩 250g, 식초 200ml, 설탕 4큰술, 소금 2작은술, 물 500ml, 올스파이스 약간

1. 강낭콩은 깨끗이 씻어서 물을 넉넉히 붓고 하루 저녁 냉장고에서 불린다.
2. 강낭콩 불린 물은 따라 버리고 냄비에 강낭콩을 담는다. 물을 넉넉히 다시 붓고 소금 한두 꼬집을 넣어 50분~1시간 삶는다. 🔥🔥
3. 삶은 강낭콩은 체에 받쳐 물을 버리고 한 김 식힌 다음 소독한 유리병에 담는다.
4. 식초, 설탕, 소금, 물, 올스파이스를 분량대로 넣고 끓인다. 팔팔 끓으면 불을 끄고 바로 3의 강낭콩에 붓는다. 🔥🔥

   참고 ▸ 올스파이스는 후추, 계피, 정향, 육두구를 섞어놓은 듯한 향신료이다. 화이트와인 비니거는 부드러운 신맛을 원할 때 식초 대신 사용하면 좋다. 26쪽
5. 완성된 강낭콩 피클은 밀폐해서 하루 동안 상온에 숙성한 다음 냉장 보관한다.

유자청

유자청은 차로도 많이 마시지만 드레싱이나 각종 요리에도 많이 활용한다. 레몬보다 비타민 함유량이 많아서 감기 예방과 피부 미용에 좋다. 겨울에는 따끈하게 차로 즐기고 여름에는 탄산수에 타서 시원하게 마시면 피로 회복을 돕는다. 설탕 대신 올리고당을 넣어 시중에서 판매되는 유자청보다 단맛을 줄였다. 설탕이나 꿀, 올리고당 비율은 취향대로 조절하면 된다.

재료

유자 3kg, 설탕 1.5kg, 꿀 400g, 올리고당 800g, 베이킹소다 1/2컵, 굵은소금 1/2컵, 식초 4큰술

1. 베이킹소다를 푼 물에 유자를 10분가량 담가두었다가 솔이나 스펀지로 문질러 씻고 흐르는 물에 헹궈 1차 세척을 한다. 다시 식초물에 10분간 담갔다가 건져서 굵은소금으로 박박 문질러 2차 세척을 하고 흐르는 물에 헹군다.
2. 세척한 유자는 물기를 꼼꼼히 닦고 꼭지를 딴다.

1

1-1

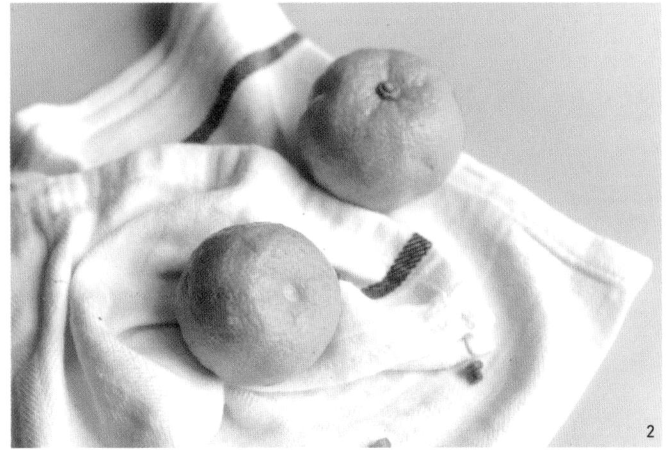
2

3. 유자를 반으로 잘라서 순가락으로 씨를 제거하고 속을 파내서 껍질과 속을 분리한다.
4. 유자 껍질은 채를 썰거나 다져서 설탕을 1 : 1로 넣고 버무린다. 설탕이 녹아 진득해질 때까지 실온에서 20분간 녹인다.

유자청을 만들 때는 껍질까지 모두 사용하기 때문에 무농약을 사는 것이 좋다. 유자 3kg 기준으로 껍질은 대략 1.2~1.5kg 정도 나온다. 보통 껍질은 채를 썰어서 이용하는데, 다지면 요리에 사용하기 편하다.

5. 유자 껍질이 숙성되는 동안 과육을 핸드블렌더로 갈아서 꿀과 올리고당을 넣고 섞는다.

6. 4의 숙성된 유자 껍질과 5의 과육을 섞어서 소독한 유리병에 담는다. 실온에서 하루 정도 숙성하고 냉장 보관한다.

황태 육수

황태와 멸치를 물에 불려두면 더 깊고 진한 맛이 우러나고 육수를 끓이는 시간을 단축할 수 있다. 여기서는 4인분을 기준으로 국은 2번, 찌개는 3~4번 만들 수 있는 분량이다. 식히는 동안에도 맛이 계속 우러나오니 건더기를 미리 건져내지 않는다.

재료

황태 대가리 1개, 중멸치 40g, 표고버섯 2개, 무 170g, 다시마 7g, 물 2.5L, 소금 1작은술

1. 멸치는 대가리와 내장을 제거하고 마른 팬에 한 번 볶아서 비린내를 날려준다. 비린내가 날아가고 고소한 냄새가 나면 불을 끄고 체에 받쳐 가루를 털어낸다.
2. 큰 냄비에 황태 대가리, 볶은 멸치, 표고버섯, 다시마, 무, 물을 넣고 끓인다.
3. 끓기 시작하면 다시마를 건져내고 30분간 더 끓인다.
   참고 ‣ 끓이는 동안 물이 너무 많이 졸아들면 중간에 물을 한 컵 추가한다. 끓는 중간 중간 거품을 걷어낸다.
4. 불을 끄고 뚜껑을 덮은 채 상온에서 충분히 식힌다.
5. 완전히 식으면 체에 걸러서 육수만 유리병에 담아 냉장 또는 냉동 보관한다.
   참고 ‣ 식는 동안에도 맛이 우러나오니 충분히 식힌 후에 건더기를 걸러낸다.

다시마는 끓이는 것보다 찬물에서 더 잘 우러나고 국물 맛도 담백하다. 끓기 시작하면 진액 때문에 국물이 탁해지고 텁텁해지니 10분 이상 끓이지 않는다.

채수

채소로 맛국물을 만들면 담백하고 깔끔하다. 냉장 보관은 일주일을 넘기지 않는 것이 좋고, 더 오래 보관하려면 냉동한다. 채소 건더기는 맛과 영양이 물에 거의 녹아든 상태이므로 과감히 버린다. 여기서는 수프나 육수 대용으로 4~5회 정도 쓸 분량을 만든다.

재료

무 1/3개(230g), 단호박 200g, 당근 1개, 양파 1개, 대파 2대, 샐러리 줄기 2대, 토마토 1개, 마늘 4개, 대추 6개, 후추 15알, 월계수잎 2~3장, 소금 1작은술, 물 2.5L

1. 당근은 씻어서 큼직하게 자른다. 토마토는 반으로 가르고 씨는 숟가락으로 제거한다.
2. 파는 흰 부분을 준비하고 뿌리까지 깨끗이 씻는다. 단호박은 껍질을 벗기고 씨는 제거한 뒤 두툼하게 편을 썬다.
3. 무는 손가락 한 마디 두께로 썰고, 샐러리 줄기는 1.5cm 두께로 썬다.
4. 준비한 재료를 모두 냄비에 담고 물을 부어 끓기 시작하면 약불로 줄여서 50분간 더 끓인다. ●● > ●
5. 뚜껑을 덮은 채로 1시간 이상 실온에서 식힌 후 체에 걸러서 육수만 유리병에 담고 완전히 식으면 냉장 보관한다.

   참고 ‣ 뜨거운 상태로 냉장고에 넣으면 금방 쉴 수 있다. 식는 동안에도 계속 맛이 우러나기 때문에 1시간 이상 실온에 둔다.

PART 2.

가벼운 채식 한 끼

바쁜 아침에도 균형 잡힌 식사를 놓치지 않아야 건강한 몸을 유지할 수 있다. 간단한 식사나 출출할 때 먹기 좋은 채식 메뉴를 만들어보자. PART 1의 홈메이드 저장 식품을 활용하면 조리 시간이 대폭 줄어든다.

베트남식 샐러드

베트남에서 맛봤던 포멜로 샐러드에서 아이디어를 얻었다. 포멜로는 자몽과 비슷하지만 쓴맛이 덜하고 더 달콤하다. 샐러드에 쌀국수와 땅콩 소스를 곁들여 라이스 페이퍼에 싸서 월남쌈으로 먹어도 좋고, 고수가 익숙하지 않다면 참나물로 대체해도 된다. 자몽은 쓴맛이 많이 나는 속껍질과 씨는 제거하고 먹는다.

재료(2인분)

참나물 30g, 고수 30g, 오이 1/2개, 당근 1/3개, 연근 20g, 새우 8마리, 자몽 1개, 땅콩 약간

드레싱

느억맘(베트남식 피시소스) 2큰술, 라임즙 또는 레몬즙 2큰술, 설탕 1작은술, 마늘 1개

1. 참나물과 고수는 깨끗이 씻어서 5cm 길이로 자른다. 참나물 줄기 밑부분 5cm 정도는 질기므로 잘라낸다.
2. 오이는 반으로 잘라 어슷썰기를 한다.
3. 당근은 얇게 채를 썬다.
4. 자몽은 겉껍질과 속껍질 모두 벗기고 씨를 제거한다.

5. 연근은 얇게 썰어서 식초물에 잠시 담았다가 끓는 물에 1분간 데치고 찬물로 헹군다. ●●

6. 새우는 대가리와 껍질을 떼어내고 끓는 물에 소금 1꼬집을 넣고 익힌다. ●●

7. 새우가 떠오르면 건져서 세로로 2등분한다.

8. 드레싱은 분량대로 섞고 마늘 1개를 다져 넣는다.
   참고 ▸ 느억맘(베트남식 피시소스)은 액젓보다 더 가볍고 마늘과 고추가 함유되어 있다.
9. 손질한 재료들을 모두 볼에 담고 드레싱을 뿌려 살살 버무린다.
10. 땅콩을 다져서 샐러드 위에 올린다.

강낭콩 샐러드

강낭콩은 샐러드에 넣어도 좋고 양상추와 치즈, 사워크림을 올려 토르티야를 만들어 먹어도 된다. 차게 먹으면 더욱 맛있고 냉장고에 2~3일 보관해도 된다. 아침이나 저녁에 출출할 때 먹으면 좋다.

재료(2~3인분)

강낭콩 200g, 방울토마토 10개, 파프리카 1/2개, 청피망 1개, 양파 1/2개, 옥수수 1개, 아보카도 1/2개

드레싱

디종 머스터드 2작은술, 설탕 2작은술, 소금 1/2작은술, 화이트와인 비니거 1큰술, 레몬즙 1큰술, 올리브 오일 1큰술

1. 강낭콩은 한 번 씻어서 용기에 담아 콩이 잠길 정도로 넉넉히 물을 붓고 냉장고에서 하룻밤 불린다.
2. 불린 강낭콩은 물을 따라내고 한 번 헹궈 냄비에 담고 콩의 3배 정도로 물을 부어 소금 1꼬집을 넣고 끓인다.
3. 물이 끓으면 중불로 줄이고 거품을 걷어내면서 45~50분 더 끓인다.
4. 콩을 삶고 나서 물은 따라내고 체에 받쳐 물기를 제거한다.

5. 파프리카, 청피망, 양파는 씻은 다음 꼭지와 씨를 제거하고 작은 주사위 모양으로 썬다.
6. 방울토마토는 절반으로 자른다.
7. 아보카도는 반으로 잘라 씨를 제거하고 껍질을 벗긴 다음, 다른 재료와 비슷한 크기로 썬다.

8. 옥수수는 알갱이를 발라낸다.

9. 드레싱 재료를 분량대로 잘 섞어준다.
   참고 ▸ 디종 머스터드 26쪽, 화이트와인 비니거 26쪽

10. 큰 볼에 준비한 재료를 모두 담고 드레싱을 뿌려 으깨지지 않도록 조심스럽게 버무린다.

다양한 색의 채소를 고르면 파이토케미컬이라고 하는 식물영양소를 섭취할 수 있다. 파이토케미컬은 식물에 함유된 일종의 화학물질로 과일이나 채소가 스스로를 보호하고 성장하기 위해 만들어내는 것이다. 이러한 방어물질은 항산화 성분을 포함하고 있어 노화 방지에 좋다. 채소는 각각의 색마다 다른 영양소를 포함하고 있고, 골고루 담으면 다채로운 색깔이 보기에도 좋다.

퀴노아 당근 샐러드

퀴노아(21쪽)는 필수아미노산이 골고루 함유된 작은 알갱이의 곡식이다. 퀴노아 당근 샐러드에 닭가슴살이나 통밀빵 또는 과일과 채소를 더하면 더욱 든든한 한 끼가 된다.

재료(1인분)

퀴노아 60g, 양송이 2개, 트러플 오일 1작은술, 아보카도 1/2개, 라임즙 1큰술, 당근 샐러드 적당량, 소금 1작은술, 후춧가루, 바질 또는 파슬리 가루 조금

1. 퀴노아는 체에 받쳐 한 번 헹군다. 냄비에 물 500ml, 소금 1작은술, 퀴노아를 넣고 15분간 중불에 삶은 다음 체에 받쳐 물기를 제거한다.

   참고 ▸ 푹 삶으면 퍼져서 식감이 좋지 않다. 탱글한 식감이 중요하므로 너무 오래 삶지 않는다.

2. 양송이버섯은 다져서 예열한 프라이팬에 기름을 두르지 않고 중불에서 수분이 거의 없어질 때까지 바짝 볶는다.

3. 삶은 퀴노아와 볶은 양송이버섯을 볼에 담고 트러플 오일, 소금, 후춧가루를 넣고 섞는다.

   참고 ▸ 트러플 오일은 올리브 오일에 고급 송로버섯(트러플)을 넣고 추출한 것이다. 합성향을 첨가해서 만든 것보다 실제 송로버섯이 들어간 오일이 좋다. 소량만 넣어도 풍미가 매우 진하다.

4. 아보카도는 슬라이스로 썰어서 라임즙, 소금, 후춧가루를 뿌려둔다. 퀴노아, 아보카도, 당근 샐러드를 순서대로 올리고 바질 또는 파슬리 가루를 조금 뿌린다.

   참고 ▸ 당근 샐러드 49쪽

1 2 3 3-1 4 4-1

감자 샐러드

복합탄수화물인 감자는 밀가루, 설탕 같은 가공된 단순탄수화물보다 우리 몸에 훨씬 이롭다. 전분과 섬유질을 포함한 탄수화물을 복합탄수화물 또는 다당류 탄수화물이라고 하는데 소화되는 속도가 느리고 우리 몸에 천천히 흡수되어 포만감을 준다. 감자에는 필수아미노산과 비타민C, 칼슘, 칼륨, 마그네슘 등이 포함되어 있어 영양 면에서 아주 훌륭한 식품이다.

재료(3~4인분)

감자 큰 것 4개, 오이 2/3개, 당근 1/3개, 옥수수 6큰술, 양파 1/2개, 소금 1작은술, 설탕 2작은술, 마요네즈 6큰술

1. 감자는 껍질을 벗기고 큼직하게 자른다. 냄비에 감자가 잠길 정도의 물을 넉넉히 붓고 소금 1꼬집을 넣어 끓인다. 물이 끓으면 감자를 넣고 15~17분간 삶는다.
2. 양파는 잘게 다진다. 오이는 얇게 썰어서 소금 1/2작은술을 뿌려 10분 정도 절인 후 손으로 물기를 꼭 짜낸다. 당근은 작은 주사위 모양으로 썬다.
3. 젓가락으로 감자를 찔러보고 쏙 들어가면 꺼내 뜨거울 때 바로 으깨서 한 김 식힌다. 으깬 감자에 오이, 당근, 양파, 옥수수, 소금, 설탕, 마요네즈를 넣고 잘 섞어준다.

참고 · 웜 샐러드의 캐슈너트 마요네즈로 대체해도 좋다(98쪽).

1 1-1 2 2-1 3 3-1

콩피클 샐러드

콩피클(67쪽)을 활용한 샐러드로 단백질과 식이섬유가 풍부해 포만감이 매우 좋다. 단단하고, 부드럽고, 아삭한 식감의 재료들을 더해 다채롭게 즐길 수 있다.

재료(1인분)

콩피클 5~6큰술, 양상추 100g, 고구마 1개, 연근 적당량, 검은깨 약간

드레싱

유자청 1큰술, 화이트와인 비니거 1큰술, 설탕 2작은술(또는 꿀), 레몬즙 약간, 소금 약간

1. 연근은 얇게 썰어서 식초물에 잠시 담가 전분기를 뺀다.
2. 연근을 소금물에 1분 정도 데친 다음 찬물에 한 번 헹군다.
3. 고구마는 깨끗이 씻어 볼에 담아 뚜껑을 닫고 전자레인지에 8~9분 익힌다. 젓가락이 쏙 들어가면 다 익은 것이므로 껍질을 벗기고 먹기 좋은 크기로 자른다.
4. 양상추는 깨끗이 씻고 먹기 좋은 크기로 찢어놓는다.
5. 분량대로 섞어서 드레싱을 만들고, 양상추, 콩피클, 연근에 뿌려서 버무린다.
6. 접시에 샐러드와 고구마를 담고 검은깨를 조금 뿌린다.

쿠스쿠스 샐러드

좁쌀처럼 생긴 쿠스쿠스는 북아프리카, 중동, 지중해 등지에서 많이 먹는 파스타의 일종이다. 채소와 함께 샐러드처럼 먹는 것이 일반적이고, 달콤하게 조리해 디저트로 먹기도 한다. 포슬한 식감의 쿠스쿠스는 셀레늄과 식물성 단백질 함유량이 높고 칼로리가 낮아 최근 각광받는 식품 중 하나다.

재료(2인분)

쿠스쿠스 100g, 소금 1/2~1작은술, 방울토마토 7~8개, 오이 1/2개, 양파 1/4개

드레싱

소금, 후춧가루 적당량, 바질 반 줌, 레몬즙 1큰술, 올리브 오일 2큰술

1. 물 250ml에 소금 1/2~1작은술을 넣고 끓인다.
   참고 ‣ 소금의 양은 취향에 따라 조절한다.
2. 물이 끓으면 불을 끈 상태에서 쿠스쿠스를 넣고 한 번 저은 뒤 뚜껑을 닫고 5분간 뜸을 들인다.
   참고 ‣ 쿠스쿠스는 삶는 것이 아니고 뜨거운 물에 불리는 것이다.
3. 뜸 들이기가 끝나면 쿠스쿠스를 다시 고루 저어준다.
4. 양파는 잘게 다진다.

5. 오이는 필러로 껍질을 대충 깎아내고 반을 잘라서 가운데 씨 부분을 제거한 뒤 먹기 좋은 크기로 작게 썰어준다.

6. 방울토마토는 4등분으로 자르고, 바질은 잘게 다진다.

7. 큰 볼에 쿠스쿠스, 방울토마토, 오이, 양파를 담고 분량대로 만든 드레싱을 넣어 고루 섞는다.

웜 샐러드

캐슈너트 마요네즈(98쪽)는 미리 만들어두면 편리하고, 일반 마요네즈를 사용해도 된다. 핸드메이드 마요네즈는 보존제나 방부제가 들어가지 않기 때문에 보관 기간이 짧으니 유의하자. 일주일 정도 냉장 보관하는 것이 적당하다.

재료(2인분)

애호박 1/3개, 당근 1/3개, 가지 1/2개, 단호박 1/4개, 파프리카 1/2개, 연근 약간, 비트 1/3개, 올리브 오일, 소금 약간, 후춧가루 약간

드레싱

캐슈너트 마요네즈 2큰술, 홀그레인 머스터드 1큰술

1. 당근와 연근은 2mm 두께로 얇게 썬다.
2. 가지와 애호박은 1cm 두께로 두툼하게 썬다.
3. 단호박은 반으로 갈라 씨를 제거하고 손가락 한 마디 두께로 썬다.
4. 파프리카는 세로로 썰어서 씨와 심을 제거한다.
5. 비트는 2mm 두께로 얇게 썬다.

참고 ▸ 비트를 맨 마지막에 손질하면 다른 재료에 물이 들지 않고 고유의 색을 잘 유지할 수 있다.

1 2 3 3-1 4 5

6. 트레이에 채소를 겹치지 않게 펼쳐놓고 채소 겉면에 올리브 오일을 바른 다음 소금, 후춧가루를 약간 뿌린다.

7. 180도 예열한 오븐에 18~20분간 타지 않게 굽는다.
참고 ▸ 채소를 에어프라이어에 구울 때는 180도에서 13~15분 정도 굽는다.

8. 분량대로 섞어서 만든 드레싱을 채소와 함께 곁들인다.

6

7

8

캐슈너트 마요네즈 만들기

재료 캐슈너트 50g, 애플사이다 비니거 1큰술, 레몬즙 1큰술, 메이플 시럽 1큰술, 소금 1/2작은술, 포도씨유 100~120ml

1. 캐슈너트는 물에 담가 냉장고에 넣고 하룻밤 불린 다음 물기를 뺀다.
2. 캐슈너트, 애플사이다 비니거, 레몬즙, 메이플 시럽, 소금을 한꺼번에 믹서기에 넣고 갈아준다. 이때 포도씨유를 조금씩 추가하면서 갈아준다.
   참고 ▸ 포도씨유를 한꺼번에 넣지 않고 조금씩 넣는 것은 유화가 잘되도록 하기 위해서다. 오일을 첨가하면 고소하고 부드러운 맛이 더해진다. 올리브 오일을 사용해도 되지만 향이 너무 강하다는 점을 참고한다. 카놀라유나 식용유를 넣어도 무방하다.
3. 캐슈너트 마요네즈를 밀폐용기에 담아 냉장 보관한다.

1

2

3

고구마 퀴노아 전

아마란스는 퀴노아와 함께 고단백 작물로 알려져 있다. 다른 곡류에 비해 탄수화물 비율이 낮은 반면 필수아미노산이 모두 함유되어 있고 칼슘 흡수를 돕는다. 밥을 지을 때 넣어도 되고, 따로 익혀서 샐러드에 뿌려도 된다. 달콤한 고구마와 함께 조리하면 먹기도 편하고 아이들도 잘 먹는 영양 간식이 된다.

재료(2인분)

고구마 500g, 퀴노아 5큰술, 아마란스 2큰술, 김치 120g, 아몬드밀크 2큰술, 소금 약간, 후춧가루 약간

1. 고구마는 씻어서 큼직하게 자른 후 큰 볼에 담아 뚜껑을 덮고 전자레인지에 8분간 익힌다.
2. 퀴노아와 아마란스는 깨끗이 씻어 체에 걸러놓는다.
   참고 ▸ 퀴노아와 아마란스를 같이 체에 걸러도 되지만, 아마란스의 입자가 더 작기 때문에 고운체를 사용한다.
3. 냄비의 물이 끓으면 소금 1꼬집, 퀴노아, 아마란스를 넣고 15분간 삶는다.
4. 퀴노아와 아마란스가 익으면 체에 걸러 물기를 뺀다.

5. 김치는 물에 한 번 헹군 다음 물기를 꼭 짜서 잘게 다진다.
6. 익힌 고구마는 껍질을 벗기고 으깬다. 고구마와 퀴노아, 아마란스, 김치를 함께 담고 아몬드 밀크, 소금, 후춧가루를 넣어 골고루 섞는다.
7. 6을 경단처럼 동그랗게 빚어서 납작하게 눌러 모양을 만든다.
8. 예열한 프라이팬에 기름을 조금 두르고 7을 앞뒤로 노릇하게 굽는다.

Tomato is the world's most popular fruit!

모둠 버섯 샌드위치

버섯은 수분을 날리듯 볶으면 빵이 질척해지지 않고 식감이 쫄깃하다. 다양한 버섯 향이 풍부한 샌드위치를 만들어보자. 트러플 발사믹 크림을 뿌리면 맛과 향이 훨씬 좋다.

재료(1인분)

모둠 버섯(표고버섯, 느타리버섯, 양송이버섯, 새송이버섯, 팽이버섯) 250g, 양파 1/2개, 고다치즈 2장, 치아바타 1개, 올리브 오일, 소금, 후춧가루, 트러플 발사믹 크림

1. 종류별로 준비한 버섯을 도톰하게 썰어준다. 팽이버섯은 밑동을 자르고 손으로 갈라놓는다.
2. 양파는 깨끗이 씻고 채를 썰어서 준비한다.
3. 충분히 예열한 프라이팬에 기름을 두르지 않고 손질한 버섯들을 넓게 펼친다. 🔥🔥
4. 버섯에서 수분이 나오기 시작하면 주걱으로 저어가며 수분이 사라질 때까지 볶아준다. 🔥🔥

5. 버섯이 옅은 갈색이 되면 양파를 넣고 올리브 오일을 두른 후 소금, 후춧가루를 뿌리고 볶는다.
6. 양파가 갈색이 될 때까지 볶아 그릇에 덜어둔다.
7. 치아바타를 반으로 자르고 프라이팬에 올리브 오일을 둘러서 앞뒤로 굽는다.
8. 구운 치아바타 위에 고다치즈를 깔고 볶은 버섯과 양파를 올린 다음 트러플 발사믹 크림을 고루 뿌린다.

비트 후무스

중동 지역의 대표적인 음식인 후무스는 익힌 병아리콩을 갈아서 만든 것이다. 그 자체로 먹거나 고기나 채소에 곁들여 딥핑 소스로 활용하기도 한다. 여기서는 비트를 가지고 후무스를 만들어보았다. 빈혈에 좋고 피를 맑게 하는 비트는 구우면 단맛이 강해진다. 후무스로 만들면 병아리콩의 단백질도 보충할 수 있고 먹기도 편하다.

재료(3~4인분)

비트 300g, 삶은 병아리콩 150g, 타히니 3큰술, 레몬즙 2큰술, 올리브 오일 4큰술, 마늘 2개, 소금 1/2작은술, 페타치즈, 검은깨 약간

1. 병아리콩은 물을 붓고 하룻밤 불린다.
2. 불린 병아리콩은 한 번 헹궈서 냄비에 담는다. 병아리콩이 완전히 잠길 정도로 물을 넉넉히 붓고 소금 1작은술을 넣어 40분간 삶는다. 삶은 병아리콩은 체에 걸러 물기를 빼고, 삶은 물은 따로 남겨둔다. 💧💧

   참고 ▸ 콩은 깨끗이 씻어도 불리는 과정에서 불순물이 나올 수 있으니 한 번 헹구는 것이 좋다.
3. 비트는 호일로 감싸서 200도 오븐에 1시간 구운 다음 호일에 감싼 채로 실온에 10분 정도 둔다.

   참고 ▸비트는 매끄럽고 동그란 모양이 좋고, 속이 선명한 붉은색을 띠는 것이 신선하다.

4. 구운 비트는 큼직하게 자른다.

5. 믹서기에 비트, 병아리콩, 타히니, 레몬즙, 마늘, 소금을 넣고 갈아준다.

참고 ‣ 타히니는 껍질을 벗긴 참깨를 곱게 갈아 만든 페이스트

6. 5가 어느 정도 갈리면 올리브 오일을 넣고 다시 갈아준 다음 콩 삶은 물을 조금씩 넣으며 농도를 맞춘다.

참고 ‣ 농도는 취향에 따라 맞춘다. 부드러운 식감을 좋아하면 물을 많이 넣고 되직한 식감을 좋아하면 적당히 넣으면 된다.

7. 적당한 농도로 갈아서 그릇에 담고 페타치즈와 검은깨를 조금씩 뿌린다.

참고 ‣ 비트 후무스는 냉장고에 3~4일 보관할 수 있다.

그린 후무스

아보카도와 바질로 만드는 그린 후무스는 비트 후무스를 만드는 과정과 거의 비슷하다. 다만 허브 향을 최대한 살리기 위해 마늘을 넣지 않거나 살짝 익혀서 넣는다. 삶은 병아리콩을 물에 담가 손으로 살살 비비면서 껍질을 최대한 벗겨내면 식감이 부드럽다.

재료(3~4인분)

삶은 병아리콩 250g, 마늘 2~3개, 소금 1/2작은술, 통깨 4큰술, 아보카도 1/2개, 레몬즙 4큰술, 올리브오일 6큰술, 바질 20g, 물 또는 채수 90~120ml

1. 병아리콩은 물에 담가 냉장고에 하루 저녁 불렸다가 한 번 헹군 다음 물과 소금을 넣고 부드러워질 때까지 30~40분 삶는다. 끓으면서 떠오르는 거품을 걷어낸다.
2. 마늘은 프라이팬에 기름을 두르고 살짝 굽는다.
3. 통깨를 절구에 곱게 빻는다.
4. 아보카도는 반으로 잘라 씨를 제거하고 껍질을 벗겨 큼직하게 자른다.

1 1-1 2 3 4

5. 믹서기에 삶은 병아리콩, 깨, 레몬즙, 소금, 구운 마늘, 준비한 물(또는 채수)를 절반만 붓고 거칠게 갈아준다.

6. 병아리콩이 어느 정도 갈렸을 때 손질한 아보카도와 올리브 오일을 넣고 곱게 갈아준다. 이때 나머지 물을 조금씩 넣으면서 농도를 조절한다.

7. 바질을 칼로 다져서 6에 넣고 섞일 정도만 가볍게 갈아준다.

8. 기호에 맞는 채소 또는 빵과 함께 곁들인다.

그린 후무스를 만들 때 유의할 점

바질을 넣고 너무 많이 갈면 풋내가 날 수 있으니 주의한다. 굵은 고춧가루 정도로 고루 갈리면 믹서기 작동을 멈춘다. 그린 후무스는 허브와 아보카도가 들어가므로 최대한 빨리 먹는 것이 좋다. 냉장고에 3일 이상 보관하지 않는 것이 좋고, 윗면에 올리브 오일을 조금 부어주면 맛과 향을 유지할 수 있다. 병아리콩은 물에 불리면 2배 정도로 불어난다는 점을 감안해서 분량을 조절한다.

로메스코 새우 토스트

홈메이드 저장 식품으로 만든 로메스코 소스는 무엇보다 해산물과 잘 어울린다. 하지만 고기를 좋아하는 육식파라면 새우 대신 베이컨이나 고기를 올려 오픈 토스트로 먹어도 좋다.

재료

통밀빵, 새우 6마리, 소금 약간, 후춧가루 약간, 래디시 2대, 로메스코 소스 적당량, 파슬리 가루 약간

래디시 절임물

화이트와인 비니거 2큰술, 설탕 2작은술, 소금 약간

1. 래디시는 깨끗이 씻어서 얇게 썰어 절임물에 재워둔다.
   참고 ▸ 래디시는 붉고 동글동글한 무의 일종이다.
2. 새우는 대가리와 꼬리를 떼어내고 껍질을 벗긴다.
3. 프라이팬에 올리브 오일을 두르고 새우를 앞뒤로 구운 다음 소금과 후춧가루로 간을 한다.
4. 통밀빵을 토스터나 프라이팬에 노릇하게 굽고 로메스코 소스를 바른다.
   참고 ▸ 로메스코 소스 43쪽
5. 4에 래디시와 구운 새우를 올리고 파슬리 가루를 뿌려서 장식한다.

1 1-1 2 3 4 5

바바 가누시 토스트

중동의 대표적인 소스인 바바 가누시는 주로 빵을 찍어 먹는다. 현재는 가지가 거의 모든 나라에서 재배되고 있지만 중세 시대에는 빛깔 때문에 이탈리아와 중동 일부 나라에서 금기시했던 채소다. 서양 가지에 비해 우리나라 가지는 날씬하고 수분이 많으며 식감도 다르다. 그렇기 때문에 우리나라 가지를 사용할 경우 수분을 빼는 과정이 필요하다. 피타처럼 납작한 빵이나 나초칩을 바바 가누시에 찍어 먹으면 간단한 스낵으로 즐기기 좋다.

재료(2인분)

바게트, 가지 3개, 구운 해바라기씨 1큰술, 삶은 렌틸콩 3큰술, 타히니 4큰술, 마늘 1개, 소금 약간, 큐민 가루 약간, 구운 피칸 적당량

1. 가지는 꼭지를 떼어내고 포크로 군데군데 구멍을 낸 다음 겉면이 고루 까맣게 될 때까지 직화로 굽는다. 🔥🔥
2. 구운 가지는 실온에서 잠시 식힌 다음 껍질을 벗기고 잘게 다져 체에 받쳐 물기를 조금 뺀다.
3. 마늘과 해바라기씨를 잘게 다진다.
4. 볼에 다진 가지, 마늘, 해바라기씨, 삶은 렌틸콩, 타히니, 소금, 큐민 가루를 넣고 잘 섞으면 바바 가누시가 완성된다. 잘라서 구운 바게트 위에 바바 가누시와 구운 피칸을 올린다.

참고 ▸ 큐민 가루는 대형마트에서 살 수 있다.

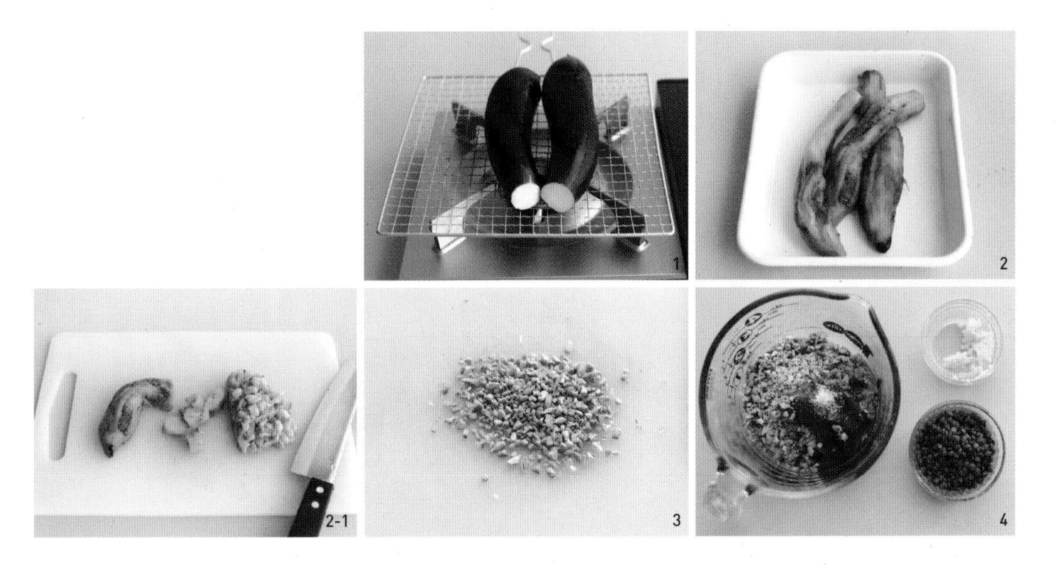

무화과 그뤼에르 샌드위치

그뤼에르 치즈와 무화과의 조합은 꽤 중독성이 있다. 고소한 견과류 토핑이 더해져 간단하지만 영양도 좋은 샌드위치를 만들어보자.

재료(1인분)

바게트 1/4개, 그뤼에르 치즈, 무화과 2~3개, 견과류 적당량

1. 바게트는 4등분한 것을 다시 가로로 자른다.
2. 그뤼에르 치즈는 3mm 두께로 썰어서 바게트에 올린다.
3. 무화과는 0.5cm 두께로 잘라 준비한다.
4. 175도로 예열한 오븐에 2의 바게트를 넣고 치즈가 녹을 때까지 5분간 굽는다.

   참고 ‣ 오븐은 미리 예열하는 것이 좋다. 기기마다 다르겠지만 대략 10~15분 정도 예열하면 적당하다.
5. 자른 무화과를 올린다.
6. 마지막으로 견과류를 적당량 올린다.

   참고 ‣ 견과류 대신 그래놀라를 올리면 더욱 좋다.

크림치즈 파프리카 토스트

서양 자두를 말린 프룬은 다이어트 식품으로 잘 알려져 있다. 특히 식이섬유가 풍부해서 장 건강에 좋다. 장 건강에 좋다는 것은 독소 배출이 잘 이루어져 피부 건강에도 좋다는 뜻이다. 새콤한 파프리카의 맛을 프룬이 중화하고 색감을 화려하게 더해 준다.

재료(1인분)

통밀빵, 크림치즈, 파프리카 마리네이드 적당량, 구운 호두 적당량, 프룬 2~3개, 파슬리 가루 약간

1. 먼저 통밀빵을 잘라서 토스터나 프라이팬에 굽는다.
2. 프룬은 1cm 두께로 3~4등분한다.
3. 구운 호두는 굵직하게 다진다.
4. 빵 위에 크림치즈를 바른다.
5. 4에 파프리카 마리네이드, 프룬, 구운 호두를 올리고 파슬리 가루를 뿌린다.

   참고 ‣ 파프리카 마리네이드 45쪽

요거트 수프

요거트와 마늘의 조합으로 만드는 타라토르는 조금 생소하지만 중독성 있는 맛이다. 타라토르는 불가리아의 대표 음식이라 해도 좋을 만큼 식탁에 자주 오른다. 비슷한 요리로 그리스와 터키의 차지키가 있는데, 이것은 농도가 되직해 소스로 더 많이 활용된다. 여름에 갈증 날 때 차갑게 먹으면 더 맛있다.

재료(2인분)

요거트 300ml, 오이 1/2개, 딜 3~4줄기, 마늘 1개, 소금 4~5꼬집, 레몬 1/3개, 물 4~5큰술, 마카다미아 4~6개, 올리브 오일 약간

1. 오이는 세로로 반을 자르고 다시 세로로 3등분을 한다. 총 6등분한 오이를 얇게 썬다.
2. 딜과 마늘은 잘게 다진다.
   참고 ‣ 딜은 허브의 일종으로 대형마트나 백화점에서 구할 수 있다.
3. 볼에 요거트를 담고 1과 2를 넣은 다음 소금과 레몬즙을 뿌려서 고루 섞는다.
4. 3에 분량의 물을 넣어가며 농도를 맞춘다.
5. 마카다미아를 잘게 다지거나 그레이터로 갈아서 준비한다. 그릇에 요거트를 담고 다진 마카다미아를 올린 다음 올리브 오일을 조금 뿌린다.
   참고 ‣ 마카다미아는 초콜릿이나 쿠키 같은 디저트를 만들 때 많이 사용되는 견과류로 초록색 열매 속에 호두처럼 딱딱한 껍질로 싸여 있다. 모양과 식감이 헤이즐넛과 비슷하며, 다른 견과류에 비해 달달해서 그냥 먹기에도 좋다.

아스파라거스 웜 샐러드

렌틸콩은 달고 고소하며 다른 재료와도 잘 어울리고 거부감이 적어서 요리에 많이 활용된다. 또한 섬유소뿐 아니라 단백질, 엽산, 철분, 비타민 등이 함유되어 있어 영양도 뛰어나다. 렌틸콩을 하루 전날 미리 삶아두면 더 빨리 만들 수 있다. 아삭한 아스파라거스에 달콤한 렌틸콩, 부드러운 수란이 더해져 다양한 식감을 즐길 수 있는 샐러드다. 발사믹 식초로 달콤하게 졸인 버섯과 렌틸콩은 다른 채소에도 곁들이면 좋다.

재료(1인분)

렌틸콩 40g, 아스파라거스 80g, 달걀 1개, 양송이버섯 3~4개, 발사믹 식초 1.5큰술, 올리고당 2작은술, 소금, 후춧가루, 식초

1. 렌틸콩은 30분간 삶아서 체에 걸러 물기를 제거한다. 달걀은 냉장고에서 미리 꺼내 실온에 둔다.
2. 아스파라거스는 끝을 3cm 잘라내고, 질긴 아랫부분을 필러로 깎아낸다.
3. 양송이버섯은 도톰하게 편을 썬다.
4. 프라이팬을 달궈 올리브 오일을 두르고 아스파라거스를 볶아 소금과 후춧가루로 간을 한다. 아스파라거스를 살짝 볶으면 아삭한 식감이 살아난다.

5. 프라이팬에 올리브 오일을 두르고 양송이버섯을 볶아 소금과 후춧가루로 간을 한다. 🌢🌢

6. 버섯이 노릇하게 볶아지면 렌틸콩과 발사믹 식초를 넣고 한 번 더 볶는다. 🌢

7. 버섯과 렌틸콩에 고루 간이 배면 불을 끄고 올리고당을 뿌려 고루 섞는다. 🌢

8. 이제 수란을 만들 차례다. 냄비에 물을 담아 소금 1꼬집과 식초 1작은술을 넣고 끓기 시작하면 젓가락을 한 방향으로 저어서 회오리를 만든다. 🌢🌢

9. 회오리 중앙에 조심스럽게 달걀을 깨뜨려서 떨어트린다. 냄비 가장자리를 젓가락으로 한 번 저어 회오리를 만들고 달걀 모양을 동그랗게 만든다. 달걀을 2분 정도 삶고 국자로 조심스럽게 떠낸다. 🌢🌢

10. 그릇에 아스파라거스, 렌틸콩, 수란 순으로 담고 소금으로 간을 한다.

PART 3.

든든한 채식 한 끼

한 그릇 요리로도 식사가 가능하고 밥이나 빵을 곁들여 더욱 든든한 채식 요리를 즐겨보자.
여기에 가벼운 채식 한 끼의 메뉴를 더하면 풍성하고 다채로운 식탁이 된다.

STAUB
STAUB

LODGE

시금치 프리타타

프리타타란 달걀에 다진 채소 또는 고기를 넣어 만든 이탈리아의 오믈렛이다. 우리나라의 달걀찜과도 비슷한 음식이다. 프리타타와 비슷한 음식으로 키슈가 있는데 파이 반죽 속에 달걀, 채소, 고기, 크림을 섞어 익힌 것이다.

재료(2~3인분)

시금치 120g, 달걀 6개, 코코넛 밀크 2큰술, 송이토마토 3개(또는 방울토마토 6~7개), 양송이버섯 3개, 새우 6마리, 페타치즈 적당량, 소금 약간, 후춧가루 약간

1. 시금치는 뿌리를 제거하고 깨끗이 씻어서 체에 받쳐 물기를 뺀다.
2. 양송이버섯은 도톰하게 편을 썬다.
3. 마늘은 얇게 편을 썬다.
4. 토마토는 먹기 좋은 크기로 자른다.
5. 새우는 대가리와 껍질을 제거하고 4등분한다.
6. 달걀을 볼에 담고 코코넛 밀크를 넣은 다음 거품기로 섞는다. 이때 소금과 후춧가루로 살짝 간을 한다.

오븐 대신 가스레인지에 조리할 경우 달걀물을 붓고 나서 약불로 줄인 후 뚜껑을 덮고 5~7분 익힌다. 코코넛 밀크 대신 우유나 생크림으로 대체할 수 있으며 냉장고에 있는 채소들을 활용하면 된다.

7. 오븐을 예열하는 동안(200도 10분) 프라이팬에 올리브 오일을 두르고 마늘을 볶다가 양송이버섯을 넣고 볶는다.

8. 버섯에서 수분이 빠져나오기 시작하면 토마토를 넣고 살짝 볶는다.

9. 8에 시금치를 넣고 숨이 죽을 때까지만 볶는다.

10. 불을 끄고 달걀물을 고루 부은 다음 새우를 올린다.

11. 예열한 오븐에 10을 넣고 13~15분간 익힌다. 달걀 윗면이 옅은 갈색으로 변하기 시작하면 거의 다 익은 것이다. 오븐에서 꺼내 페타치즈를 적당량 뿌린다.

참고 ‣ 페타치즈는 양젖이나 염소젖으로 만든 그리스 치즈다. 잘 부스러지고 짠맛과 톡 쏘는 향이 있으며, 샐러드나 샌드위치에 곁들이기 좋다.

연근 병아리콩 카레

렌틸콩을 넣은 인도의 달카레에서 아이디어를 얻은 요리로 가람 마살라를 조금 추가하는 것만으로도 매우 진하고 독특한 카레를 만들 수 있다. 카레를 좋아하는 사람이라면 도전해 보자.

재료(4인분)

레드 렌틸콩 60g, 병아리콩 130g(불리지 않은 것), 연근 80g, 양파 1/2개, 토마토 페이스트 2큰술, 가람 마살라 1큰술, 강황 가루 1큰술, 코코넛 버터 1큰술, 채수 또는 코코넛 밀크 600~800ml, 전분가루 2작은술 또는 고형 카레 1조각, 소금

1. 병아리콩은 물에 담가 하룻밤 불린 다음 끓는 물에 30분 이상 삶고 체에 걸러 물기를 뺀다.
2. 연근은 한입 크기로 잘라 식초물에 잠시 담가 갈변을 방지한다.
   참고 ‣ 연근을 20~30분 정도 식초물에 담그면 갈변을 방지할 수 있다.
3. 양파는 잘게 다진다.
4. 레드 렌틸콩은 깨끗이 씻어 체에 걸러 물기를 뺀다.

5. 예열한 냄비에 올리브 오일을 두르고 양파를 볶는다.

6. 양파가 노릇해지면 코코넛 버터를 넣고 연근과 레드 렌틸콩을 넣어서 볶는다. 이때 소금을 약간 뿌려서 간을 한다.

7. 연근 겉면이 투명해지면 가람 마살라와 강황 가루를 넣고 볶다가 토마토 페이스트를 넣어 한 번 더 볶는다.

   참고 ▸ 가람 마살라는 향신료 혼합물이다. 혼합물 비율이 정해져 있는 것이 아니므로 브랜드에 따라 맛이 다르다. 큐민, 코리앤더, 계피, 강황, 넛맥, 카다몸, 후추 등의 매운 향신료가 주로 포함되어 있다.

8. 7에 채수를 붓고 병아리콩을 넣어 끓인다.

   참고 ▸ 채수 75쪽

9. 마지막으로 전분가루 또는 고형 카레를 넣어 농도를 맞추고 중약불에 뭉근하게 저으면서 끓인다.

코코넛 버섯 카레

육수를 사용하지 않아도 버섯과 양파, 코코넛 밀크가 어우러져 진한 풍미의 카레를 만들 수 있다. 코코넛 밀크의 달달한 맛 때문에 아이들도 아주 좋아한다. 이국적인 맛의 카레를 먹고 싶을 때 추천한다.

재료(4인분)

양파 350g, 표고버섯 3개, 모둠 버섯 300g, 화이트와인 3큰술, 채수 700~800ml, 고형 카레 1팩(4인분), 코코넛 밀크 100ml, 소금 약간, 후춧가루 약간

1. 양파와 표고버섯은 잘게 다진다.
2. 바닥이 두꺼운 냄비에 올리브 오일을 두르고 중불에서 양파가 갈색이 될 때까지 볶는다.
3. 2에 다진 표고버섯을 넣고 볶다가 숨이 죽으면 화이트와인을 넣고 다시 볶는다. 와인의 알코올을 날려서 잡내를 없앤다.
4. 불을 끄고 준비한 채수를 조금 넣어 핸드블렌더로 곱게 갈아준다.

버섯은 식이섬유가 풍부해서 포만감이 높고 칼로리가 낮아 다이어트에 매우 좋다. 버섯을 구울 때 수분을 없애면 식감이 더욱 쫄깃하고 맛과 향은 더 진해진다.

5. 4에 나머지 채수를 넣고 끓인다. 채수를 조금 남겨두고 끓이면서 조금씩 넣어 원하는 농도로 맞춘다. 🌢🌢

6. 5가 끓으면 고형 카레를 넣고 완전히 녹을 때까지 젓는다. 🌢🌢

7. 6에 코코넛 밀크를 넣고 한소끔 끓으면 불을 끈다. 🌢🌢

8. 모둠 버섯을 먹기 좋은 크기로 자른다.

9. 프라이팬에 올리브 오일을 두르고 버섯을 넣어 소금과 후춧가루로 간을 하고 노릇해질 때까지 앞뒤로 볶는다. 🌢🌢

10. 접시에 밥을 담아 카레를 붓고 볶은 버섯을 올린다.

토마토 콩 스튜

지친 날 뭉근하게 끓인 토마토 스튜를 맛보면 에너지를 얻을 것이다. 토마토의 새콤달콤한 맛이 응축된 스튜에 콩을 넣어 포만감을 더했다. 바삭하게 구운 바게트나 찰기가 적은 밥과 함께 먹어도 좋다.

재료(4인분)

토마토 큰 것 4개, 토마토 페이스트 3큰술, 강낭콩 100g, 병아리콩 80g, 양파 1/2개, 마늘 2개, 양송이버섯 6개, 화이트와인 2큰술, 채수 또는 치킨 스톡 700~800ml, 소금, 후춧가루, 올리브 오일

1. 강낭콩과 병아리콩은 씻어서 물을 붓고 하루 저녁 불린다.
2. 콩은 한 번 헹궈 체에 받쳐둔다.
3. 토마토는 위쪽에 십자 모양으로 칼집을 내고 끓는 물에서 30초간 데친 다음 바로 찬물에 담갔다가 건진다.
4. 데친 토마토 껍질을 벗기고 큼직하게 자른다.
5. 양파와 마늘은 잘게 다진다.

1 2 3 3-1 4 4-1 5 5-1

6. 양송이버섯은 2개만 다지고 나머지는 4등분한다.
7. 예열한 냄비에 올리브 오일을 두르고 다진 마늘과 다진 양파를 볶는다. 🔥🔥
8. 마늘과 양파가 노릇해지면 토마토 페이스트와 다진 양송이를 넣고 볶는다. 🔥🔥
9. 8에 화이트와인을 붓고 센불에 볶는다. 🔥🔥🔥
10. 와인의 알코올이 날아가면 잘라놓은 토마토, 불린 강낭콩과 병아리콩을 넣고 채수(육수)를 부어 끓인다. 이때 채수(육수)를 조금 남겨두고 끓이면서 조금씩 넣어 농도를 조절한다. 🔥🔥
   참고 ▸ 채수 75쪽
11. 10이 끓기 시작하면 중약불로 줄여 50~60분가량 더 끓인 다음 소금과 후춧가루로 간을 맞춘다. 🔥🔥
12. 양송이버섯은 프라이팬에 기름을 두르고 노릇하게 굽는다. 🔥🔥
13. 스튜를 그릇에 담고 구운 양송이버섯을 올린 다음 마지막으로 파슬리 가루와 올리브 오일을 뿌린다.

베지 버거

콩과 채소로 햄버거 패티를 만들어보자. 베지 패티를 만들면 한 번에 다양한 콩을 듬뿍 먹을 수 있어서 좋다. 표고버섯과 퀴노아는 식감이 쫄깃하고 고구마는 맛과 향을 올려준다. 아마씨 가루와 빵가루는 재료들의 수분을 흡수하며, 전분가루는 모든 재료들이 잘 뭉치게 한다. 고기 대용이 아니라 콩 자체를 즐길 수 있다.

베지 패티 재료

모둠 콩 200g, 말린 표고버섯 5개, 퀴노아 3큰술, 익힌 고구마 1/3개, 양파 1개, 아마씨 가루 3큰술, 빵가루 4큰술, 전분가루 2큰술, 올리브 오일 2큰술, 데리야키 소스 2.5큰술, 소금 약간, 큐민 가루 약간

버거 재료

상추 3장, 토마토 1개, 아보카도 1개, 홀그레인 머스터드, 케첩 또는 로메스코 소스, 햄버거 번 2개

1. 콩은 씻어서 물에 담가 하루 저녁 불린다.
2. 냄비에 불린 콩을 넣고 잠길 정도로 물을 넉넉히 부은 다음 소금을 1꼬집 넣고 45~50분간 끓인다. 💧💧
3. 삶은 콩을 체에 걸러서 한 김 식힌다.
4. 퀴노아는 15분 정도 삶아 체에 걸러 물기를 뺀다. 💧💧
5. 말린 표고버섯은 물에 20분 이상 불린 다음 잘게 다진다.
6. 프라이팬에 올리브 오일을 두르고 표고버섯을 볶는다. 💧💧

7. 양파는 채를 썰어서 프라이팬에 올리브 오일을 두르고 갈색이 될 때까지 볶는다.

8. 익힌 고구마는 으깬다.

9. 한 김 식힌 콩은 푸드프로세서에 갈아준다.

10. 큰 볼에 4~9의 재료와 나머지 재료를 모두 넣고 섞는다.
참고 ▸ 데리야키 소스 53쪽

11. 반죽한 베지 패티를 동글납작하게 빚는다.

12. 프라이팬에 기름을 두르고 베지 패티를 앞뒤로 노릇하게 굽는다.

13. 토마토와 아보카도는 슬라이스로 썰고 상추는 2등분한다.

14. 햄버거 번은 절반으로 갈라 가운데 홀그레인 머스터드를 바른다.

참고 ▸ 햄버거 빵이나 통밀빵을 사용해도 좋다.

15. 빵 위에 상추, 베지 패티, 데리야키 소스, 토마토, 아보카도 순으로 올린 다음 케첩이나 로메스코 소스를 곁들인다.

참고 ▸ 로메스코 소스 43쪽

콩을 불리기 번거롭다면 주황색 렌틸콩을 사용한다. 패티에 들어가는 아마씨 가루는 오트밀로 대체할 수 있다. 남은 패티는 냉동 보관한다. 패티 사이사이 종이 호일을 깔면 꺼내 쓰기 편리하다. 미트볼처럼 동글하게 빚어서 토마토 스파게티에 넣어도 좋다.

비건 맥앤치즈

맥앤치즈는 마카로니 앤 치즈(macaroni and cheese)를 줄여 부르는 말로 칼로리가 걱정되거나 가벼운 치즈 요리가 생각날 때 추천하는 메뉴다. 평소 치즈를 좋아하지만 소화가 잘 안 되고 부담스럽게 느껴진다면 비건 치즈를 만들어보자. 비건 치즈는 체다치즈 못지않은 식감과 맛이 난다.

재료(2~3인분)

콜리플라워 60g, 감자 2개(280g), 당근 1/4개(70g), 마늘 2개, 양파 1/2개, 올리브 오일 4큰술, 뉴트리셔널 이스트 4큰술, 파프리카 가루 1/2작은술, 소금 약간, 마카로니 250g

1. 감자와 당근은 큼직하게 썰고 콜리플라워도 먹기 좋게 썰어 둔다.
2. 끓는 물에 감자와 당근을 넣고 20분간 삶는다. 이때 소금을 두세 꼬집 넣어 간을 맞추고, 15분 뒤에 콜리플라워를 넣어 5분만 삶는다. 삶은 채소는 체에 걸러 한 김 식힌다. 채소 삶은 물은 버리지 않고 남겨둔다.

   참고 ›채소 삶은 물은 넉넉하게 준비해서 치즈 소스의 농도를 조절하는 데 사용한다.
3. 냄비에 물을 넉넉히 붓고 소금을 1작은술 넣는다. 물이 끓으면 마카로니를 넣고 10~11분간 삶는다. 삶은 마카로니는 체에 걸러 물기를 빼고 서로 들러붙지 않도록 올리브 오일을 조금 뿌려 섞는다.

4. 마늘과 양파는 잘게 다져서 프라이팬에 노릇하게 볶는다. ●●
5. 볼에 삶은 감자, 당근, 콜리플라워, 올리브 오일, 뉴트리셔널 이스트, 파프리카 가루, 소금을 넣고, 2에서 남겨둔 채소 삶은 물을 한 국자 부어 핸드블렌더로 부드럽게 갈면 비건 치즈 소스가 완성된다.

   참고 ‣ 뉴트리셔널 이스트가 치즈의 풍미를 높인다.
6. 삶은 마카로니에 소스를 붓고 고루 섞는다.

시금치 페스토 파스타

'찧다' 또는 '빻다'는 의미의 이탈리아어 페스타레에서 유래한 페스토는 이탈리아의 대표 소스다. 1980년대부터 전 세계로 알려졌다고 하는데, 짧은 기간에 이렇게 널리 퍼진 이유는 조리법이 간단하고 남녀노소 모두에게 통하는 맛이기 때문이 아닐까. 페스토는 바질잎으로 만드는 것이 정석이지만 다양한 녹색잎을 활용할 수 있다.

재료(2인분)

시금치 어린잎 100g, 바질 20g, 잣 25g, 파르미지아노 레지아노 치즈 50g, 마늘 2개, 올리브 오일 120~150ml, 소금 1작은술, 퀴노아 스파게티 160~180g

1. 시금치와 바질은 깨끗이 씻어서 체에 걸러 물기를 뺀다.
   참고 ▸ 페스토를 만들 때 잎의 물기는 키친타월로 완전히 제거하는 것이 좋다. 물기가 많으면 맛이 연해지고 보관할 때도 상하기 쉽다.
2. 잣은 마른 프라이팬에 겉면이 약간 노릇해질 때까지 구워 식힌다. 💧💧
3. 물기를 제거한 시금치와 바질, 마늘은 다져서 푸드프로세서에 넣는다.
   참고 ▸ 이때 시금치와 바질은 굵직하게, 마늘은 일반적인 굵기로 다진다.
4. 파르미지아노 레지아노 치즈는 그레이터로 갈아서 푸드프로세서에 넣는다.
   참고 ▸ 파르미지아노 레지아노 치즈는 이탈리아 파르마라는 지역이 원산지인 단단한 치즈다. 일반적으로 알려진 가루 형태의 파마산 치즈는 이 치즈를 흉내 낸 혼합 파우더로 첨가물이 많이 들어 있다. 파르미지아노 레지아노 치즈는 숙성 정도에 따라 맛과 향이 달라진다. 그레이터로 갈아서 주로 샐러드나 파스타 위에 뿌린다.

1 2 2-1 3 4

5. 4에 준비한 올리브 오일을 2/3만 붓고 소금을 넣어 재료가 고루 섞이도록 갈아준다.

6. 나머지 올리브 오일을 넣어 농도를 맞추면 시금치 페스토가 완성된다.

참고 ‣ 파스타에 사용하려면 토마토소스 정도의 농도여야 면과 잘 비벼진다.

7. 냄비에 파스타가 완전히 잠길 정도로 물을 넉넉히 붓고 소금을 조금 넣어 끓기 시작하면 면을 넣고 12분 30초~13분 정도 원하는 식감으로 삶는다. 💧💧

참고 ‣ 퀴노아 스파게티는 일반 스파게티보다 삶는 시간이 오래 걸리지만 식감은 더 쫄깃하다.

8. 면을 체에 걸러 물기를 빼고 올리브 오일을 조금만 둘러 면이 서로 들러붙지 않게 섞어준다.

9. 스파게티에 시금치 페스토를 5~6스푼 넣고 비벼준다. 이때 면수를 조금 넣으면 부드러워진다.

10. 남은 시금치 페스토는 밀폐용기에 담고 윗면에 올리브 오일을 부어 냉장 보관한다.

참고 ‣ 냉장 보관할 때 위에 올리브 오일을 부으면 산소를 차단해 산화와 갈변을 방지한다.

남은 시금치 페스토는 소독한 유리병에 담아서 냉장 보관하고 4~5일 내에 먹는 것이 좋다. 냉장고에서 하루 숙성하면 처음보다 간이 약해지니 요리할 때 참고하자. 오래 보관할 경우 나눠서 냉동 보관하는 것이 좋다. 시금치 어린잎은 베이비 시금치라고도 불리는 여린 순을 말한다. 어린잎은 연하고 영양소가 풍부하다. 시금치에 들어 있는 수산(또는 옥살산) 성분이 칼슘과 결합하면 체내에서 결석을 유발한다고도 하니 하루 500g 이상 섭취하지 않는다. 재미있는 사실은 수산과 칼슘 비율이 1 : 2일 때 결석이 가장 잘 형성되는데 이 비율이 아니면 결석이 생기지 않는다고 한다. 칼슘이 조금만 더 많아도 수산이 몸 밖으로 배출되기 때문이다. 시금치는 데치면 수산 성분이 녹아 나오기도 하고 특히 어린잎에는 수산 함량이 적어 샐러드로 많이 활용된다. 시금치는 품종마다 잎 모양이 다르다. 겨울철에 볼 수 있는 뾰족한 모양의 시금치는 동양계 품종으로 단맛이 좋아서 주로 나물로 무쳐 먹는다. 이에 반해 잎이 둥근 것은 서양계 품종이다.

검은깨 크림소스 누들

약용으로도 쓰이는 검은깨는 다양한 효능으로 건강에 이로운 식품이다. 특히 피부와 모발 건강에 좋은 것으로 알려져 있다. 부드럽고 달달한 캐슈너트와 잘 어울리니 채소 누들의 소스로 활용해 보자.

재료(2인분)

캐슈너트 70g, 물 150ml, 검은깨 3큰술, 소금 1/3작은술, 메이플 시럽 1큰술, 주키니 1개

1. 캐슈너트는 물에 담가 냉장고에 하룻밤 불렸다가 한 번 헹구고 체에 걸러 물기를 뺀다.

   참고 ‣ 살아 있는 효소를 섭취하기 위해 견과류를 볶지 않고 불려서 먹는다. 로푸드 19쪽

2. 큰 볼에 캐슈너트, 물, 검은깨, 소금, 메이플 시럽을 넣고 핸드 블렌더로 갈아 흑임자 크림소스를 만든다.

3. 주키니는 3등분으로 자르고 스파이럴라이저를 이용해 면처럼 만든다.

   참고 ‣ 주키니는 오이와 비슷하게 생긴 서양 호박이다. 스파이럴라이저가 없다면 필러로 주키니를 얇게 깎고 돌돌 말아 채를 썬다.

4. 손질한 주키니를 접시에 담고 흑임자 크림소스를 붓는다.

채소 요리에서 캐슈너트는 다양한 역할을 하는데, 특히 크리미한 질감과 맛을 내기 좋은 재료다. 이러한 특징을 살려 메인 식사나 디저트를 만들 때 활용해 보자.

토마토 메밀국수

메밀국수에 토마토와 미역을 추가해 식감과 색을 더한다. 2가지 재료는 육수와 조화롭게 잘 어울리며 메밀국수의 단조로움을 보완해 준다.

재료(2인분)

메밀국수 200g, 토마토 1개, 깻잎 4장, 불린 미역 40g, 버섯 약간

육수

물 150ml, 쯔유 4~5큰술, 진간장 1작은술, 참기름 1/2작은술

1. 참기름을 제외한 육수 재료를 모두 섞어 냉장고에 넣고 차갑게 만든다.
2. 깻잎은 돌돌 말아 얇게 채를 썬다.
3. 토마토는 씨를 제거하고 잘게 썬다.
4. 미역은 20분 이상 불렸다가 먹기 좋게 썬다. 버섯과 미역을 끓는 물에 살짝 데친 다음 물기를 짜낸다. 💧💧
5. 메밀국수를 삶을 차례다. 물이 끓으면 메밀국수를 펼쳐서 넣고 끓어오르면 찬물을 부어준다. 이 과정을 두 번 정도 반복하면 적당하게 삶아진다. 💧💧
6. 삶은 메밀국수를 찬물에 여러 번 헹구고 체에 걸러 물기를 뺀다.
7. 메밀국수를 그릇에 담고 차가운 육수를 부은 다음 손질한 재료들을 올린 후 참기름을 조금 둘러 비벼 먹는다.

want for people in
Meteorological

슈퍼 감자 크로켓

슈퍼푸드(21쪽)을 넣어 단백질과 섬유질, 무기질 등 다양한 영양소를 섭취할 수 있는 감자 크로켓이다. 당지수가 낮고 영양은 더욱 풍부해 아이들 간식으로도 좋다. 양파를 많이 넣으면 크로켓이 부드러워지는데 취향에 맞게 양을 조절한다. 이 밖에도 여러 가지 곡물과 콩을 이용해 크로켓을 만들 수 있다.

재료

감자 800g(8~9개), 렌틸콩 50g, 아마란스 25g, 퀴노아 30g, 화이트와인 비니거 1작은술, 올리브 오일 1작은술, 양파 1/2개, 당근 50g, 넛맥 가루 약간, 파르미지아노 레지아노 치즈 30g(갈아서 준비), 파슬리 가루 2작은술, 치아시드 1큰술, 설탕 1작은술, 후춧가루 약간, 소금 1/2작은술

튀김 재료

밀가루 1/2컵, 빵가루 1.5컵, 달걀 2개, 식용유 500ml

1. 감자는 씻어서 껍질을 벗긴다. 감자가 잠길 만큼 넉넉히 물을 붓고 소금 1작은술을 넣어 끓는 물에 20~25분 삶는다. ●●
2. 렌틸콩은 씻어서 소금 1꼬집을 넣고 삶는다. 물은 렌틸콩의 3배 정도로 넉넉히 붓는다. 물이 끓기 시작하고 20분 정도 삶으면 불을 끈 다음 화이트와인 비니거와 올리브 오일을 넣고 저은 후 10분간 뜸을 들인다. ●●
3. 아마란스와 퀴노아는 고운체에 받쳐 살살 헹군 뒤 2에 넣어서 10분간 삶고 10분간 뜸을 들인다. ●●
   참고 ▸ 렌틸콩이 끓기 시작하고 10분 뒤에 아마란스와 퀴노아를 넣어 같이 삶으면 편리하다.
4. 삶은 렌틸콩, 아마란스, 퀴노아를 체에 걸러 물기를 뺀다.
5. 감자를 젓가락으로 찔러보고 부드럽게 쏙 들어가면 건져서 뜨거울 때 으깬다.

아마란스는 항산화 성분이 풍부해서 피부 노화를 늦추고 고혈압, 동맥경화를 예방하는 효과가 있다. 향이 강하지만 다른 재료와 함께 크로켓을 만들면 부담 없이 즐길 수 있다. 아마란스는 알갱이가 무척 작기 때문에 고운체에 받쳐서 씻는다.

6. 당근은 작은 주사위 모양으로 자르고, 양파는 잘게 다진다. 프라이팬에 기름을 약간 두르고 양파를 볶다가 노릇하게 익으면 당근과 넛맥 가루를 조금 넣고 볶는다. 🌢🌢

참고 ‣ 넛맥 가루는 향신료의 일종으로 육두구라고 부르기도 한다. 잡내 제거에 탁월한 효과가 있어 생선 요리나 고기 요리에 많이 쓰인다. 당근과 감자 요리에도 잘 어울린다. 특히 당근 케이크를 만들 때 넛맥의 유무에 따라 맛의 차이가 크고 고급스러운 맛을 낸다.

7. 으깬 감자에 4와 6을 넣고 파르미지아노 레지아노 치즈, 파슬리 가루, 치아시드, 설탕, 후춧가루, 소금을 넣고 고루 섞는다.

8. 7을 지름 5cm 크기로 동그랗게 빚는다.

9. 8을 밀가루, 달걀물, 빵가루 순으로 튀김옷을 입힌다.

10. 깊은 냄비에 식용유를 붓고 중불에 적당히 가열되면 9를 넣고 고루 색이 나도록 2분 정도 튀긴다. 🌢🌢

참고 ‣ 기름의 온도는 빵가루를 떨어트렸을 때 바로 소리를 내며 튀겨지는 것이 적당하다.

가지 깐풍기

가지는 스펀지와 비슷한 조직으로 기름을 잘 흡수한다. 기름을 사용해 조리하면 비타민A의 섭취를 높일 수 있다. 가지를 튀겨서 매콤한 소스를 버무려 깐풍기로 만들어 먹으면 별미 중의 별미다.

재료

가지 2개, 식용유(튀김용)

가지 절임물

물 500ml, 소금 1큰술

양념

진간장 3큰술, 식초 3큰술, 조청 1.5큰술, 설탕 1.5큰술, 마늘 3개, 생강 1/2개(또는 다진 생강 1작은술), 홍고추 1개, 청양고추 1개, 통깨와 다진 쪽파 적당량

1. 가지는 1cm 두께로 큼직하게 썰어서 절임물에 20분간 담가 둔다.

   참고 ‣ 비닐봉지를 이용하면 편리하고 고루 절일 수 있다. 비닐봉지에 가지를 넣고 소금물을 부은 다음 공기를 최대한 빼내고 밀봉한다. 다 절여지면 봉지 밑면을 잘라 물을 빼고 봉지째 꼭 짠다.

2. 마늘은 편을 썰고, 생강, 홍고추, 청양고추는 다진다.

3. 양념 재료 중에서 진간장, 식초, 조청, 설탕을 미리 섞어둔다.

4. 찬물에 튀김가루를 넣고 거품기로 젓는다. 가루가 남지 않을 정도로 저어서 튀김옷을 만든다.

   참고 ‣ 튀김옷을 바삭하게 하려면 찬물로 반죽하고 오래 섞지 않는 것이 좋다. 가루가 남지 않을 때까지 대충 섞는다.

5. 절인 가지의 물기를 꼭 짠 다음 겉면에 밀가루를 묻히고 튀김 옷을 입힌다.

6. 튀김 냄비에 식용유를 붓고 가열한다. 기름에 반죽을 떨어트렸을 때 바로 소리가 나면서 위로 떠오르면 가지를 넣고 3분 정도 바삭하게 뒤집어가면서 골고루 튀긴다.

   참고 ▸ 균일한 소리를 내다가 갑자기 소리가 커지면 가지를 건져낸다. 가지가 충분히 익으면서 수분이 밖으로 빠져나와 튀기는 소리가 커지는 것이다. 가지는 씹는 식감을 위해 오래 튀기지 않는 것이 좋다.

7. 중불에 예열한 프라이팬에 식용유를 조금 두르고 마늘을 볶다가 다진 생강을 넣고 볶는다.

8. 7에 3에서 섞어둔 양념을 넣고 졸이다가 홍고추와 청양고추를 넣는다. 양념이 걸쭉해지면 불을 끈다.

참고 • 주걱으로 프라이팬 바닥을 그었을 때 1~2초간 바닥이 보이는 형태를 유지하면 적당히 졸여진 것이다.

9. 8에 튀긴 가지를 넣고 살며시 버무린다. 가지 깐풍기를 접시에 담고 통깨와 다진 쪽파를 뿌린다.

가지 마파두부 덮밥

중국 쓰촨 지방의 대표 요리인 마파두부는 본래 두반장을 베이스로 만든다. 지금도 쓰촨시에는 150년 동안 이어져온 원조 마파두부집이 있다. 여기에 소개하는 레시피는 좀 더 한식에 가까운 맛이다. 고기를 좋아하는 사람이라면 고추기름을 내서 돼지고기를 넣고 볶아도 좋다.

재료

양파 1/3개, 파프리카 1/3개, 표고버섯 2개, 가지 1.5개, 청양고추 1개, 두부 1/2모(180g), 소금 약간, 생강청 2작은술, 올리고당 2작은술, 두반장 30g, 된장 20g, 다시마 우린 물 300ml(다시마 8g), 전분물(전분 2작은술 + 물 3~4큰술), 여분의 물, 검은깨 조금, 다진 쪽파 조금, 참기름 약간

고추기름

식용유 3큰술, 대파 1대, 다진 마늘 2작은술, 다진 생강 1/3작은술, 고운 고춧가루 1큰술

1. 물 300ml에 마른 다시마를 넣고 30분 이상 불렸다가 꺼낸다.
2. 양파와 대파는 다지고, 파프리카는 작은 주사위 모양으로 썰고, 표고버섯은 편을 썬다.
   참고 ‣ 대파는 흰 부분만 다진다.
3. 두부를 1.5~2cm 크기의 주사위 모양으로 잘라 키친타월에 올려 소금을 2꼬집 정도 뿌리고 밑간을 한다.
4. 청양고추는 다져서 준비한다.
5. 두반장은 밥숟가락으로 1큰술 소복하게, 된장은 두반장보다 조금 적게 준비한다.

6 7 7-1 8 9

6. 가지는 꼭지를 제거하고 반으로 가른 뒤 1cm 이상 도톰하게 한입 크기로 썬다.

7. 중강불에서 예열한 프라이팬에 식용유를 두르고 가지를 앞뒤로 노릇하게 굽는다. 중간 중간 기름을 조금씩 추가하면서 구우면 좀 더 노릇하게 구워진다. 구운 가지는 그릇에 덜어놓는다.

참고 ▸ 가지는 센불에 빨리 구워야 식감을 유지하면서도 단맛이 우러나온다. 한쪽 면이 충분히 노릇해지면 뒤집는다. 자주 뒤집으면 흐물거리고 단맛이 충분히 우러나지 않는다.

8. 약불에 예열한 프라이팬에 식용유를 두르고 다진 대파, 마늘, 다진 생강을 넣는다. 향이 우러나오면 고운 고춧가루를 넣고 볶아 고추기름을 만든다.

9. 고추기름이 빨갛게 되면 중불로 올려 다진 양파와 파프리카를 넣고 양파가 투명해질 때까지 볶는다.

10. 9에 두반장과 된장을 넣고 2분 이상 충분히 볶는다. 🔥🔥

11. 10에 다시마 우린 물과 생강청을 넣고 5분간 끓인다. 🔥🔥

참고 ▸ 생강청을 사용하면 부드러운 생강 맛이 난다. 생강즙으로 대체해도 좋다.

12. 11에 두부와 표고버섯을 넣고 볶다가 두부에 간이 배면 가지를 넣고 끓인다. 🔥🔥

13. 12에 전분물을 조금씩 넣어가며 농도를 맞춘다. 너무 걸쭉하면 물을 조금씩 추가해 농도를 맞춘다. 🔥🔥

참고 ▸ 전분물은 한꺼번에 넣지 말고 조금씩 넣어야 농도를 맞추기 쉽다. 기호에 따라 청양고추를 넣으면 매콤하고 개운한 맛이 난다.

14. 재료들이 어우러지도록 한소끔 끓으면 불을 끄고 올리고당과 참기름을 조금 두른다. 🔥🔥

15. 밥 위에 14의 소스를 끼얹고 검은깨, 다진 쪽파를 뿌린다.

두부 채소 볼

동그랑땡의 채소 버전이라고 할 수 있다. 채소와 두부만으로도 꽉 찬 맛을 느끼기에 충분하다. 취향에 따라 바질과 고수를 넣어도 좋다.

재료

두부 1모, 주키니 1개, 당근 1/2개, 달걀 1개, 빵가루 12큰술, 깻잎 15장, 소금 약간, 후춧가루 약간

1. 두부는 으깨서 물기를 최대한 제거한다.
2. 주키니와 당근은 채를 썰고 소금 2작은술을 뿌려 버무린 후 15분간 재워둔다.
3. 주키니와 당근을 손으로 꼭 짜서 물기를 최대한 제거한다.
4. 깻잎은 2등분해서 채를 썬다.
5. 볼에 손질한 두부, 주키니, 깻잎, 당근을 담고 빵가루와 달걀을 넣은 후 소금과 후춧가루를 약간 뿌려 고루 섞는다.
6. 5를 3~4등분으로 나눠 동그랗게 뭉친다.
7. 예열한 프라이팬에 식용유를 두르고 중불에 앞뒤로 노릇하게 부친다. 💧💧

재료의 수분을 최대한 제거해야 잘 뭉쳐진다. 두부 반죽에 치즈나 견과류를 추가하거나 삶은 퀴노아, 콩 등을 넣으면 색다른 맛을 즐길 수 있다. 프라이팬에 익힐 때는 자주 뒤집지 않는다. 칠리 소스에 찍어 먹으면 더욱 달콤하고 맛있다.

타프나드 닭가슴살 스테이크

프랑스의 프로방스에서 유래한 타프나드를 넣은 닭가슴살 스테이크와 쿠스쿠스 샐러드를 곁들여 색다른 닭고기 요리를 즐겨보자.

재료

닭가슴살 2쪽, 타프나드 4큰술, 쿠스쿠스 샐러드 적당량, 올리브 오일 2큰술

1. 닭가슴살은 포를 뜨듯이 가운데를 칼로 가르는데, 완전히 자르지 않고 펼칠 수 있게 한쪽은 남겨둔다.
2. 닭가슴살을 양쪽으로 펼치고 사선 십자 모양으로 칼집을 낸다.
3. 닭가슴살 한쪽 면에 타프나드를 바른다.
   참고 ▸ 타프나드 55쪽
4. 닭가슴살을 다시 접어 윗면에 올리브 오일을 뿌리고 랩을 씌워 냉장고에 30분간 숙성한다.
   참고 ▸ 올리브 오일을 뿌리면 고기가 부드럽고 촉촉해진다.

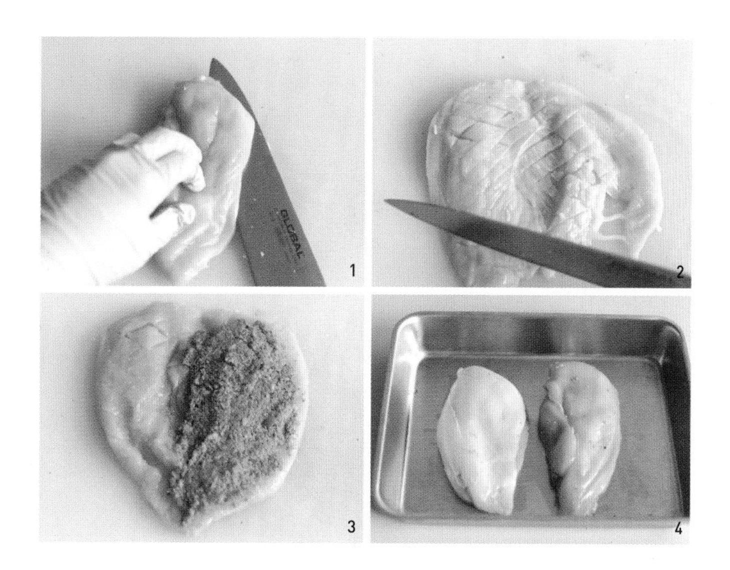

5. 쿠스쿠스 샐러드를 만든다.
   참고 ▸ 쿠스쿠스 샐러드 93쪽
6. 중불로 예열한 프라이팬에 올리브 오일을 두르고 준비한 닭가슴살을 앞뒤로 노릇하게 굽는다. 🔥🔥
7. 뚜껑을 덮고 중약불로 줄여서 닭가슴살을 10~11분 익힌다. 고루 익도록 중간에 한 번 뒤집어준다. 🔥🔥
   참고 ▸ 불을 끄고 뚜껑을 덮은 채 잠시 둔다.
8. 접시에 쿠스쿠스 샐러드를 담고 닭가슴살 스테이크를 올린다.

아게다시 도후

아게다시도후는 튀긴 두부를 다시 국물에 적셔 먹는 일본식 두부 요리다. 여기서는 튀긴 마와 가지를 더해서 만들었다. 마를 튀기면 생으로 먹는 것과는 전혀 다른 음식이 된다. 비 오는 날이나 입맛이 없을 때 따뜻하게 한 그릇 호로록 하면 몸도 마음도 푸근해진다.

재료(1인분)

물 500ml, 다시마 4조각, 생강 1개, 국간장 1큰술, 미림 1작은술, 가쓰오부시 1컵, 두부 1모, 마 1/2개, 가지 1개, 전분가루 적당량, 무 1조각

1. 생강을 얇게 저며 냄비에 물, 다시마와 함께 넣고 끓인다. 💧💧
2. 물이 끓기 시작하면 다시마를 건지고 국간장과 미림을 넣어 5분 더 끓인다. 이때 생기는 거품은 걷어낸다. 💧💧
3. 불을 끄고 국물이 한 김 식으면 가쓰오부시를 넣고 5분간 우린다.
4. 3을 체에 걸러 건더기는 버리고 육수만 남겨둔다.
5. 두부는 4등분하고, 마는 깨끗이 씻어 껍질을 필러로 벗긴 다음 1cm 두께로 썬다.

6. 가지는 5~6등분으로 어슷썰기를 하고, 세로 방향으로 2등분을 해서 껍질 쪽에 칼집을 낸다.

7. 손질한 두부 겉면에 전분가루를 묻힌다.

8. 튀김용 냄비에 마가 잠길 정도로 기름을 넉넉히 붓고 튀김가루를 넣었을 때 보글보글 끓어오를 정도로 가열되면 가지, 마, 두부를 차례로 튀긴다.

참고 ▸ 재료별로 따로 튀겨야 시간도 맞추고 건져내기도 편하다. 두부는 3분, 마는 1분~1분 30초, 가지는 1분 정도 튀긴다.

9. 무를 강판에 갈고 면포에 싸서 무즙을 짜낸 다음 동그랗게 모양을 만든다.

10. 접시에 튀긴 마, 가지, 두부, 간 무를 올리고 다시 국물을 적당히 붓는다.

감자전

감자는 어떻게 손질하느냐에 따라 굉장히 다양한 식감을 낸다. 감자를 갈아서 기름에 지지면 겉은 바삭하고 속은 쫄깃한 감자전이 된다. 믹서기를 사용하면 편하겠지만 식감 차이가 크니 수고스럽더라도 강판에 가는 것을 추천한다. 감자전에 양파를 넣으면 갈변을 방지하고 감칠맛을 살려준다.

재료

감자 3개, 양파 1/6개, 소금, 옥수수 4큰술

1. 감자와 양파를 강판에 간다.
2. 간 감자와 양파를 체에 걸러 물기를 뺀다.
3. 감자에서 나온 물을 그대로 두어 전분을 가라앉힌다.
4. 전분이 가라앉으면 물만 조심스럽게 따라 버린다.
5. 큰 볼에 간 감자와 양파, 4의 전분, 옥수수를 넣고 소금으로 간을 한다.
6. 바닥이 두꺼운 프라이팬을 예열하고 기름을 넉넉히 두른다. 5의 반죽을 한 국자 떠서 앞뒤로 노릇노릇 부친다.

취나물 만두

봄에 나는 산나물의 대표 격인 취나물은 고유의 향이 입맛을 돋운다. 취나물을 넣은 만두는 일반 만두보다 가볍고 산뜻한 맛이 난다. 단백질, 비타민, 각종 무기질이 풍부한 취나물로 나른해지기 쉬운 봄철 미각을 살려 원기를 회복해 보자.

재료

삶은 취나물 200g, 미나리 80g, 무말랭이 50g, 두부 1모, 김치 150g, 당면 50g, 새우 10마리, 소금 1/2작은술, 국간장 1큰술, 들기름 1큰술, 후춧가루, 식초, 설탕

1. 당면은 물에 담가 불린다.
2. 냄비에 물을 넉넉히 담고 소금을 1꼬집 넣어 끓으면 깨끗이 씻은 취나물을 넣고 2분 정도 데친다.
3. 데친 취나물을 찬물에 한 번 헹구고 물기를 꼭 짜서 잘게 다진다.
4. 미나리는 깨끗이 씻어서 잘게 다진다.
5. 김치는 물에 헹궈 고춧가루를 씻어내고 잘게 다져서 물기를 짠다.
6. 무말랭이는 따뜻한 물에 15분가량 불렸다가 물기를 꼭 짜고 설탕 1꼬집, 식초, 소금, 들기름을 약간 넣어 조물조물 무친다.
7. 새우는 머리와 껍질을 떼어내고 잘게 다진다.

1 · 4 · 3, 4, 5 · 6, 7

취나물, 김치, 무말랭이는 물기를 제거했을 때 분량이다. 속을 넣는 정도에 따라 대략 40~50개의 만두를 빚을 수 있다. 만두를 서로 떨어뜨려놓아야 쪘을 때 만두피가 서로 달라붙어 터지지 않는다.

8. 두부는 면포에 싸서 물기를 최대한 제거한다.
9. 불린 당면은 칼로 다진다.
10. 준비한 모든 재료를 볼에 담고 소금, 간장, 들기름, 후춧가루를 넣어 고루 섞는다.
11. 만두피에 10의 만두속을 넣고 빚어서 냄비에 14~15분 찐다.

채소 유부초밥

채소를 넣어 유부초밥을 만들면 은은한 단맛과 아삭한 식감 때문에 더욱 맛있다. 애플사이다 비니거와 매실을 넣어 배합초를 만들면 자극적이지 않고 부드러운 맛을 낼 수 있다. 갓 지어 알알이 살아 있는 탱글한 밥을 한 김 식혀 유부초밥을 만들면 나도 모르게 자꾸만 손이 간다.

재료

조미유부 20~22장, 애호박 1/3개(90g), 당근 1/3개(60g), 콜리플라워 100g, 밥 500g, 검은깨 1작은술

배합초

애플사이다 비니거 1.5큰술, 매실 1큰술, 소금 2~3꼬집, 설탕 1작은술

1. 배합초 재료를 분량대로 섞고, 콜리플라워는 잘게 다진다.
2. 애호박과 당근은 채를 썰어서 잘게 다진다.
3. 예열한 프라이팬에 식용유를 조금 두르고 콜리플라워를 약간 노릇하게 볶는다.

   참고 ‣ 채소는 기름을 조금 두르고 소금을 조금씩 넣어가면서 볶으면 간이 잘 배고 고소한 맛이 난다.
4. 애호박은 기름을 두르지 않고 센불에 수분을 날리듯이 볶고, 당근은 식용유에 살짝만 볶는다.
5. 밥에 볶은 채소와 검은깨, 배합초를 넣고 고루 섞는다.

   참고 ‣ 유부초밥을 만들 때는 밥을 고슬고슬하게 짓고 밥과 채소를 비빌 때 11자를 그리듯 섞으면 밥알이 뭉개지지 않는다.
6. 유부에 5의 밥을 알맞게 넣는다.

PART 4.

가족과 밥 한 끼

밥과 잘 어울리는 국, 찌개, 반찬 등을 소개한다. 해산물과 고기 요리뿐 아니라 채소를 활용해서 좀 더 다양한 요리를 즐길 수 있도록 구성했다. 정확한 분량을 표기하지는 않았지만 가족이 함께 먹는 것을 가정했으니 3~4인분이라고 생각하면 된다.

고소한 미역무침

부드러운 두부에 당근의 아삭함이 더해져 온 가족이 먹기에 부담 없는 반찬이다. 마요네즈를 넣은 것처럼 고소한 두부 당근 미역무침은 해조류에 부족한 단백질을 함께 섭취할 수 있다.

재료

건미역 10g(불린 미역 100g), 당근 1/4개, 두부 1/2모(150g)

양념

검은깨 1큰술, 국간장 2작은술, 참기름 2작은술

1. 건미역은 찬물에 30분간 불렸다가 한 번 헹궈 물기를 꼭 짜고 먹기 좋은 크기로 자른다.
2. 당근은 채를 썰어서 소금 1/2작은술을 넣고 버무려 20분간 재워둔다.
3. 두부는 끓는 물에 2분간 데치고, 체에 받쳐 수저로 으깨면서 물기를 뺀다. 물기가 완전히 빠지도록 체에 그대로 둔다.
4. 소금물에 재워둔 당근의 물기를 짜서 볼에 담고, 검은깨를 갈아서 함께 준비한다.
5. 4에 건미역, 두부, 분량의 양념을 넣고 조물조물 무친다.

1 2 3 3-1 4 5

김장아찌

보통 김을 네모나게 잘라 끓인 간장물을 부어 만드는데 좀 더 쉽게 김무침처럼 만드는 방법이 있다. 양념을 끓일 때 추가로 쥐똥고추를 1~2개 더 넣으면 좀 더 매콤한 양념이 된다. 쥐똥고추는 양념을 다 끓이고 나서 건져낸다.

재료(2~3인분)

생파래김 20장, 대파 흰 부분 10cm, 청양고추 1~2개, 참기름 1큰술, 통깨 1큰술

양념

양조간장 3큰술, 설탕 2.5큰술, 물 8큰술, 말린 표고버섯 1개

1. 청양고추와 파는 얇게 썬다.
2. 말린 표고버섯은 물에 한 번 헹궈 양념 재료와 함께 냄비에 넣어둔다.
3. 표고버섯이 말랑해지면 불을 켜고 중불에 부르르 끓어오를 때까지 기다린다. 중간에 젓지 않아도 된다. 🔥🔥
4. 5분 정도 지나서 거품이 끓어오르면 불을 끄고 썰어둔 고추와 파를 넣고 그대로 식힌다.
5. 김을 한입 크기로 찢어서 참기름을 넣고 버무린다.
6. 4의 양념이 식으면 표고버섯을 꺼내 양념을 꼭 짜낸다.
7. 5의 김에 통깨를 넣고 6의 양념을 부어 골고루 배도록 무친다.

양념의 양이 적으니 바닥이 좁은 소스팬을 사용한다. 양념장은 실온 정도로 식혀서 넣는 것이 좋다. 버무릴 때 김을 양손으로 찢듯이 떼어 뭉친 것을 풀어주고 양념이 고루 배도록 한다.

꽈리고추 찜

8월의 별미인 연하고 부드러운 꽈리고추는 비타민이 많아 더위에 지친 여름 피로 회복을 돕는다. 꽈리고추는 꼭지가 시들지 않고 몸통의 주름은 뚜렷하고 윤기가 나는 것을 고른다. 고추 끝이 뾰족한 것은 맵고, 동그랗고 길이가 짧은 것은 맛이 순한 편이다.

재료

꽈리고추 170g(35개 분량), 밀가루 2큰술

양념장

대파 흰 부분 1대, 다진 마늘 1작은술, 통깨 1큰술, 양조간장 1큰술, 국간장 1큰술, 매실액 1큰술, 설탕 약간, 참기름 1큰술, 고춧가루 1.5작은술

1. 꽈리고추는 깨끗이 씻어 꼭지를 떼어내고, 이쑤시개 등으로 찔러 구멍을 4~5군데 낸다.
   참고 ▸ 고추에 구멍을 내면 고루 잘 익고 양념이 잘 배어든다.
2. 물기가 있는 꽈리고추를 지퍼백 또는 비닐봉지에 담고 밀가루를 뿌린다. 이때 물을 1스푼 정도 더 넣어도 좋다.
   참고 ▸ 물기가 있으면 꽈리고추에 밀가루가 잘 붙는다.
3. 지퍼백을 닫고 흔들어서 밀가루를 꽈리고추에 골고루 묻힌다. 꽈리고추를 찜기에 옮길 때 뭉친 밀가루는 살살 털어낸다. 단시간에 찌는 것이므로 밀가루가 뭉쳐 있으면 잘 익지 않고 풋내가 날 수 있다.
   참고 ▸ 밀가루를 묻히면 고추에 양념이 잘 배어들고 식감도 좀 더 쫀득해진다. 밀가루를 묻히지 않으면 양념이 살짝 겉돌 수 있다.

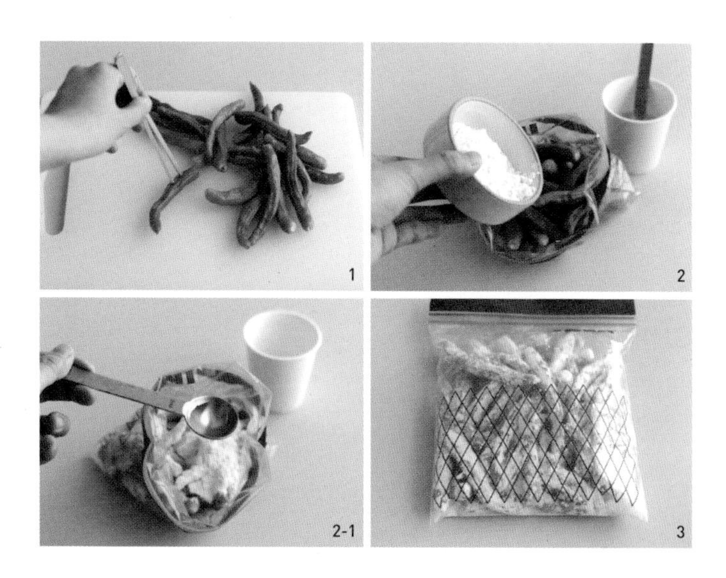
1 2 2-1 3

4. 찜기에 젖은 면포를 깔고 꽈리고추를 담는다.

5. 냄비에 물을 넣고 끓이다 김이 오르면 찜기를 올린다. 센불에 5~6분 정도 찌면 밀가루가 투명해진다.

   참고 ‣ 오래 찌면 변색되고 식감도 좋지 않으니 짧은 시간 센불에 찐다. 이때 김이 나갈 수 있으니 뚜껑은 열지 말자.

6. 찐 꽈리고추는 트레이에 펼쳐놓고 식힌다.

   참고 ‣ 꽈리고추를 찌자마자 펼쳐놓고 식혀야 색이 변하거나 물렁해지지 않는다.

7. 대파를 잘게 다져 양념장 재료와 함께 고루 섞는다.

8. 꽈리고추가 식으면 7을 넣고 골고루 버무린다.

비트 생채

비트 생채를 만들어두면 반찬 또는 샐러드, 샌드위치, 비빔밥 등에 다양하게 활용할 수 있다. 자몽이나 오렌지 등의 감귤류와 잘 어울리고, 당근과 함께 샐러드로 만들면 한층 더 맛있게 즐길 수 있다.

재료

비트 1개, 굵은소금 2작은술, 식초 1큰술, 설탕 1작은술

1. 비트는 3mm 두께로 슬라이스를 한 뒤 채를 썬다.
2. 채를 썬 비트를 큰 볼에 담고 소금, 설탕을 뿌려 살살 버무린 후 30분간 재워둔다.
3. 재워둔 비트의 물기를 꼭 짜고 식초와 설탕을 조금 더해 무친다.
4. 비트 생채를 밀폐용기에 담아 냉장 보관한다.

비트를 생으로 먹으면 안토시아닌을 효과적으로 섭취할 수 있는 반면 약간의 독성이 있어 복통을 유발할 수도 있으니 지나치게 많이 먹지 않도록 주의한다. 익혀 먹으면 아린 맛과 독성이 제거되지만 하루에 1개 정도 먹을 것을 권한다.

황태포 구이

황태포의 머리와 꼬리는 버리지 말고 육수를 낼 때 사용한다. 황태포는 실온에서 빨리 변질되는 편이므로 냉동 보관하는 것이 좋다. 손질해서 보관하면 꺼내 쓰기 편리하고 조리 시간을 단축할 수 있다.

재료

황태포 3마리, 물 적당량, 통깨 약간, 쪽파 약간, 무순 약간

양념장

고추장 2큰술, 고춧가루 1작은술, 생강청 1작은술, 설탕 1작은술, 매실청 1큰술, 다진 쪽파 1큰술, 다진 마늘 1작은술, 맛술 1/2작은술, 참기름 1작은술

1. 황태포는 머리와 꼬리를 자르고 수저로 적시듯이 물을 뿌린 후 비닐봉지에 담아 30분간 불린다.
2. 분량의 재료를 섞어서 양념장을 만든다.
3. 불린 황태포는 양옆과 가운데 지느러미를 가위나 칼로 자른다. 앞쪽은 손으로 만져보고 굵은 가시를 제거한다.

4. 황태포에 양념장을 고루 발라 밀폐용기에 담거나 랩을 씌워 냉장고에서 1시간 이상 숙성한다.
5. 예열한 프라이팬에 식용유를 조금 두르고 황태를 안쪽부터 약불에서 앞뒤를 익힌 다음 앞뒤로 한 번씩 더 굽는다.

   참고 ▸ 황태를 구울 때 안쪽부터 익히면 덜 휘어진다. 타지 않도록 약불에서 천천히 익힌다.
6. 구운 황태포에 쪽파와 통깨를 뿌린다.

깻잎 김치

그냥 숙성해서 먹어도 맛있지만 익은 깻잎 김치에 들기름을 두르고 물을 조금 넣어 냄비에 찌면 또 다른 별미다. 양념장은 채수를 이용하는데, 다시마 국물로 대체해도 된다. 다시마 국물은 차갑게 사용한다.

재료

깻잎 120장, 당근 1/3개(60g), 홍고추 1개, 마늘 3개, 대파 흰 부분 1/2대

양념장

진간장 5큰술, 채수 또는 다시마 우린 물 100ml, 멸치액젓 3큰술, 올리고당 1큰술, 매실액 1큰술, 설탕 2작은술, 고춧가루 4.5큰술, 통깨 1.5큰술

1. 양념장은 미리 만들어 고춧가루를 불려놓는다.
   참고 ‣ 고춧가루를 불린다는 것은 양념장을 숙성한다는 뜻이다. 고춧가루가 불어나면서 각각의 양념이 잘 어우러져 깊은 맛이 난다. 채수 75쪽
2. 깻잎은 흐르는 물에 씻고 체에 받쳐 물기를 제거한다.
3. 당근은 껍질을 벗기고 얇게 채를 썰고, 마늘도 얇게 채를 썰어 저민다.
4. 홍고추는 반으로 갈라 씨를 제거하고 얇게 채를 썬다.
5. 대파는 다져서 준비한다.
6. 양념장에 3~5의 손질한 채소들을 넣고 섞는다.
7. 깻잎 2장마다 양념장을 펴 바른다.
8. 실온에서 1시간 숙성하고 냉장 보관한다.

2 3 6 6-1 7

다시마 국물 만들기

① 손바닥만 한 크기의 다시마 1조각이나 4~5cm 크기 6~7조각을 준비한다. ② 다시마를 젖은 면포로 닦는다. ③ 물 1리터에 다시마를 담가 30분 이상 불린 다음 그대로 끓인다. ④ 물이 끓기 시작하면 다시마를 건져내고 한소끔 더 끓인다.

아보카도 비빔밥

처음에는 무슨 맛인가 싶다가 한번 빠지면 그 맛에 매료되고 마는 아보카도. 재료 본연의 향과 맛은 약하지만 다른 재료와 섞였을 때 시너지가 크다. 비빔밥에 매콤함을 더하고 싶다면 고추냉이를 추가해도 좋다.

재료(1인분)

깻잎 4장, 겨자잎 3장, 상추 2~3장, 아보카도 1/2개, 어린잎 약간, 비트 생채, 김가루, 가쓰오부시 1~2큰술

양념장

진간장 2작은술, 쯔유 1작은술, 참기름 1작은술

1. 깻잎, 겨자잎, 상추는 깨끗이 씻고 물기를 털어 채를 썬다.
2. 어린잎은 깨끗이 씻어 준비한다.
3. 아보카도는 절반으로 갈라 씨를 제거하고 껍질을 벗겨 먹기 좋게 썬다.
4. 큰 그릇에 밥을 담고 2의 채소, 어린잎, 아보카도를 차례로 올리고 김가루와 가쓰오부시를 뿌린다.
   참고 ‣ 아보카도 비빔밥에는 현미밥을 사용하는 것이 좋다. 부드러운 아보카도와 씹는 맛이 있는 현미가 대조를 이뤄 식감이 더욱 좋다.
5. 양념장을 적당히 두르고 비벼 먹는다. 이때 비트 생채를 넣고 같이 비빈다.
   참고 ‣ 비트 생채 205쪽

아보카도는 자칫 시기를 놓치면 과육이 검게 변하기 일쑤다. 녹색 아보카도를 그늘진 곳에 3~4일 보관하면 껍질이 진한 갈색으로 변하기 시작한다. 손으로 눌러보고 약간 말랑한 정도가 먹기 좋은 때다. 후숙이 끝난 아보카도는 신문지에 싸서 냉장 보관한다. 껍질을 벗긴 아보카도는 금세 갈변한다. 올리브 오일을 바르고 랩을 씌워 보관하면 색이 변하는 것을 어느 정도 막을 수 있지만 되도록 빨리 먹는 것이 좋다. 아보카도는 꼭지 부분이 마르거나 곰팡이가 핀 것은 피한다.

묵밥

보통 뜨겁게 먹는 음식은 식으면 맛이 없고 차갑게 먹는 음식은 차게 먹어야 제맛인데 묵사발은 차갑게 또는 따뜻하게 먹어도 맛있다. 묵사발에 밥을 더하면 또 그렇게 든든할 수 없다. 요리하기 힘든 날 다른 반찬 없이도 묵밥 한 그릇이면 족하다.

재료(1인분)

묵 200g, 김치 180g, 식초 1작은술, 설탕 1작은술, 참기름 1작은술, 통깨 1큰술, 김가루, 쪽파 약간

채수

무 1토막(120g), 대파 흰 부분 2대, 말린 표고버섯 4개, 다시마 6조각, 국간장 1큰술, 물 1.2L

1. 말린 표고버섯과 다시마는 물에 헹구거나 젖은 면포로 닦아서 이물질을 제거하고 냄비에 담아 물을 넣고 1시간 정도 우린다.
2. 무는 우러나기 좋게 얇게 썬다. 1에 무를 넣고 30분 이상 끓인다. 물이 끓으면 곧바로 다시마는 건져내고 국간장으로 간을 한 다음 불을 끄고 뚜껑을 닫은 상태에서 20분 더 우려 채수를 만든다.

   참고 ▸ 다시마와 표고버섯은 버리지 말고 식혀둔다.
3. 채수의 건더기는 체에 거른다.
4. 식힌 다시마와 표고버섯은 얇게 채를 썬다.
5. 김치는 다져서 식초, 설탕, 참기름, 통깨를 넣고 버무린다.
6. 묵은 먹기 좋게 썬다.
7. 그릇에 밥을 담고 김치, 묵, 김가루를 올려 채수를 붓는다.

오이냉국

어릴 적 밖에서 땀을 쭉 흘리고 집으로 돌아온 날 저녁상에 오이냉국이 올라오면 하루의 더위가 싹 가시던 기억이 난다. 지친 여름, 새콤하고 시원한 맛이 입맛을 돋운다. 오이냉국은 먹기 2~3시간 전에 만들어두었다가 차게 해서 먹으면 더욱 맛있다.

재료(4인분)

건미역 15g(불린 미역 200g), 오이 1개, 홍고추 1개, 식초 100ml, 설탕 2큰술, 매실청 1큰술, 물 1L

미역 밑간 양념

국간장 2큰술, 설탕 1/2작은술, 식초 1큰술, 통깨 2작은술

1. 건미역은 물에 30분 이상 불렸다가 한 번 헹군다.
2. 불린 미역을 끓는 물에 40초 데친 후 찬물에 헹구고 물기를 꼭 짠다. 💧💧
3. 미역은 한입 크기로 썰고 분량의 밑간 양념으로 조물조물 무친다.
4. 오이는 얇게 채를 썰고, 홍고추도 씨와 심지를 제거하고 채를 썬다.
5. 식초에 설탕과 매실청을 섞어 녹인 다음 찬물에 섞는다.
6. 채를 썬 오이와 고추, 미역을 5의 물에 넣고 섞은 다음 냉장고에 넣어 차갑게 해서 먹는다.

미역 요리에는 파를 넣지 않는 것이 좋다. 각각의 재료에 들어 있는 알긴산 성분이 서로의 영양소 흡수를 방해하고 맛과 식감을 떨어뜨린다.

매생이 굴국

매생이에는 비타민, 미네랄, 단백질, 식이섬유 등 영양소가 고루 함유되어 있다. 12~2월은 매생이와 굴이 제철이므로 겨울철 보양식으로 제격이다.

재료(4인분)

황태 육수 1.2L, 불린 미역 100g, 매생이 300g, 굴 300g, 국간장 1작은술, 소금 약간, 참기름

1. 미역은 물에 불려서 한 번 헹궈 물기를 꼭 짜고 한입 크기로 썰어둔다. 매생이는 물에 헹궈 이물질을 제거한 다음 체에 받쳐 물기를 뺀다.
2. 굴은 옅은 소금물에 살살 헹구고 붙어 있는 껍질 등을 꼼꼼히 제거한다. 황태 육수를 냄비에 담아 끓인다.
   참고 ▸ 황태 육수 75쪽
3. 충분히 예열한 프라이팬에 미역을 넣고 참기름을 조금 둘러 5분간 고루 볶는다. 🔥🔥
4. 2의 육수가 끓으면 바로 볶은 미역을 넣고 센불에 끓인다. 국간장과 소금으로 간을 하고 국물이 뽀얗게 우러나기 시작하면 중불로 줄인다. 🔥🔥🔥 > 🔥🔥

5. 매생이는 프라이팬에 참기름을 두르고 살짝 볶아서 굴과 함께 4의 국에 넣는다.
6. 한소끔 끓여 굴이 익으면 불을 끈다.

매생이는 김 양식장에서 잡초처럼 취급되다가 최근에야 영양학적 가치를 인정받아 양식이 활발해졌다. 우주 식품으로 지정될 만큼 해조류 중에서도 고단백 식품으로 알려져 있다.

황태 미역국

명태를 바싹 말린 것이 북어이고, 황태포는 명태를 얼렸다 녹였다 반복하면서 말린 것으로 살이 노란색을 띠며 영양 성분이 더 풍부하다. 단백질과 아미노산 함량이 높아 알코올 해독 작용을 하므로 숙취 해소에 매우 좋다.

재료(4인분)

마른 미역 20g, 황태포 한 줌, 들기름 1큰술, 쌀뜨물 1.2L, 국간장 1큰술, 소금 1작은술, 액젓 1작은술, 들깨가루 4큰술

1. 마른 미역은 물에 20분 이상 불린 후 물에 한 번 헹구고 물기를 꼭 짠 다음 먹기 좋은 크기로 자른다.
2. 황태포는 물에 2분간 불려서 체에 받쳐둔다.
3. 냄비에 들기름을 두르고 황태포를 충분히 볶다가 미역을 넣고 3~4분간 더 볶는다.
4. 3에 쌀뜨물을 붓고 냄비 뚜껑을 닫아 센불에 끓인다. 중간 중간 떠오르는 거품은 걷어낸다.
5. 미역이 부드러워지고 국물이 뽀얗게 우러나면 중불로 줄이고, 국간장, 소금, 액젓으로 간을 한다.
6. 마지막으로 들깨가루를 넣어 한소끔 끓이고 불을 끈다.

동태는 명태를 얼린 것이고, 안주로 많이 사용되는 노가리는 어린 명태를 지칭한다. 코다리는 아가미와 내장을 제거한 명태를 반건조한 것이다.

맑은 순두부

긴 겨울을 지나고 향긋한 냉이가 나오는 봄에는 맑은 순두부를 추천한다. 담백한 국물에 담긴 순두부의 보드라운 맛은 매콤한 순두부와 또 다른 매력이 있다. 냉이는 끓는 물에 살짝만 데쳐서 식감을 살린다.

재료(3~4인분)

순두부 1봉지(330g), 조개 200g, 냉이 한 줌(40g), 애호박 80g, 대파 흰 부분 1대, 청양고추 1개, 홍고추 1/2개, 다진 마늘 1/2작은술, 새우젓 1/2작은술, 다시마 국물 500ml

1. 다시마 국물을 준비한다. 조개는 옅은 소금물에 담가 해감한다.
   참고 ‣ 다시마 국물 211쪽, 계절에 따라 바지락, 모시조개 등을 사용해도 좋다.
2. 대파, 홍고추, 청양고추는 어슷썰기를 하고, 애호박은 반달썰기를 한다.
3. 냉이는 흐르는 물에 씻은 다음 뿌리 쪽을 칼로 살살 긁어서 흙과 잔털을 제거하고 한 번 더 헹군다.
4. 순두부는 봉지를 반으로 가르고 조심스럽게 꺼내서 큼직하게 잘라둔다.
5. 다시마 국물을 냄비에 붓고 끓으면 대파, 다진 마늘, 조개, 새우젓을 넣고 한소끔 끓인다.
6. 조개가 입을 벌리기 시작하면 순두부를 넣는다. 끓어오르면 애호박, 냉이, 청양고추, 홍고추를 넣고 애호박이 익을 때까지 끓인다.

다진 파와 다진 마늘, 고춧가루를 기름에 볶아 고추기름을 낸 다음 육수를 붓고 얼큰하게 끓여내면 매콤한 순두부가 된다.

감자 옹심이

시원한 국물과 함께 먹는 쫀득한 옹심이는 은근히 중독성이 있다. 옹심이는 익으면 물에 둥둥 뜨는데 옹심이가 모두 떠오르면 불을 끈다. 취향에 따라 김가루, 통깨, 쪽파, 지단 등을 고명으로 올린다.

재료(2~3인분)

감자 950g, 전분가루 3~4큰술, 소금 1꼬집, 애호박 조금, 당근 조금, 만가닥버섯 반 줌, 국간장 1큰술, 소금 1/2작은술

육수

물 1.7L, 무 170g, 멸치 한 줌(25~30g), 표고버섯 2개, 대파 2대

1. 육수 재료를 먼저 준비한다. 멸치는 내장을 제거하고 마른 팬에 구운 다음 체에 가루를 털어낸다. 냄비에 물을 붓고 멸치를 넣어 10분 이상 우린다. 나머지 육수 재료를 넣어 뚜껑을 닫고 끓인다. 20분 동안 중불에 끓이고 불을 끈 다음 뚜껑을 닫은 채로 10분 이상 우린다. 건더기는 걸러내서 버린다.
2. 감자는 껍질을 필러로 벗겨 강판에 갈거나 믹서기에 갈아준다.
   참고 ‣ 믹서기에 갈 때 물을 한두 컵 넣는다.
3. 체에 면포나 일회용 시트를 깔고 간 감자를 부어 뭉쳐질 정도로 수분을 짠다.

1 1-1 2 3 3-1

4. 감자에서 짜낸 물을 20분 이상 가만히 두면 바닥에 전분이 가라앉는다. 물은 따라 버리고 가라앉은 전분은 감자와 섞는다. 여기에 전분가루를 더 추가해 반죽의 농도를 맞춘다.
   참고 ‣ 너무 질거나 반죽이 뭉쳐지지 않으면 전분가루를 조금씩 추가해 농도를 조절한다.
5. 감자에 소금을 1꼬집 넣고 잘 섞은 다음 동그랗게 한입 크기로 빚는다.
6. 애호박과 당근은 채를 썰고, 버섯은 가닥가닥 찢어서 준비한다.
7. 1에서 만든 육수를 끓이고 국간장과 소금으로 간을 한다. 육수가 끓기 시작하면 버섯과 옹심이를 넣고 익힌다. 💧💧
8. 4~5분 끓이면 옹심이가 둥둥 뜨기 시작하는데, 이때 애호박과 당근을 넣고 한소끔 끓인다. 💧💧

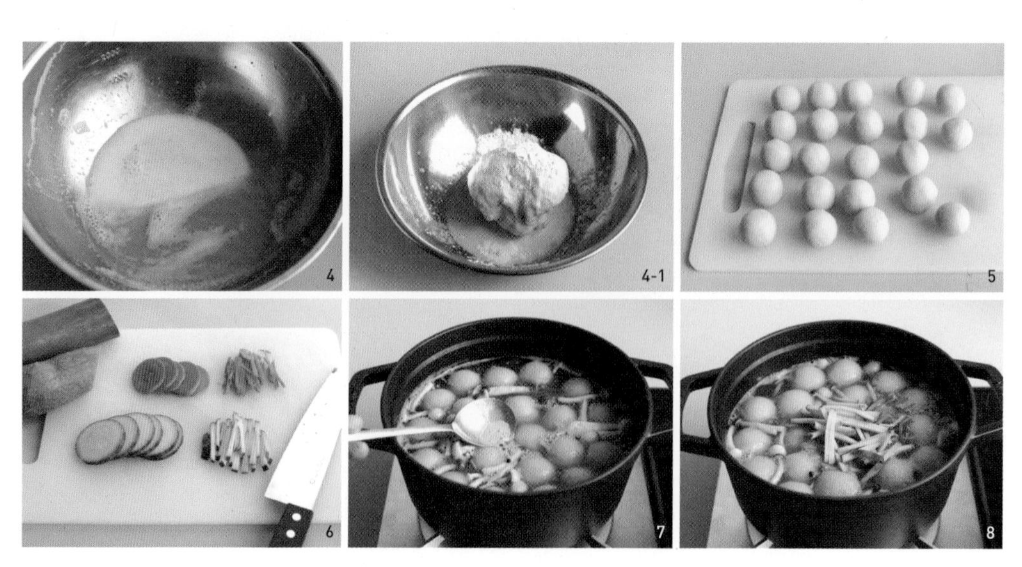

강된장

어릴 적 친정엄마가 자주 해주시던 강된장은 추억이 많은 음식이다. 그래서인지 강된장을 떠올리면 자연스럽게 마음이 푸근해진다. 호박잎을 쪄서 강된장을 올려 쌈을 싸 먹어도 된다. 양배추는 사계절 구하기 쉬운 식재료이니 호박잎이 없을 때는 양배추를 쪄서 먹는다.

재료(3~4인분)

다진 쇠고기 60g, 다진 돼지고기 100g, 표고버섯 2개, 청양고추 5~7개, 홍고추 1개, 양파 1개, 다진 마늘 1/2큰술, 쌀뜨물 200ml, 된장 70g, 고춧가루 1큰술, 양배추 1/2개, 올리고당 1작은술

1. 양파는 껍질을 벗기고 먼저 반으로 썬다. 가로로 칼집을 낸 다음 세로로 썰어 잘게 다진다.
2. 기둥을 떼어낸 표고버섯, 청양고추, 홍고추를 잘게 다진다.
3. 쌀뜨물에 된장을 덩어리진 것 없이 풀어준다.
   참고 ‣ 쌀을 씻을 때 첫 번째 물은 버리고 두 번째 물로 쌀뜨물을 낸다.
4. 냄비에 다진 쇠고기, 다진 돼지고기, 다진 표고버섯, 다진 양파, 다진 마늘, 3의 된장 푼 쌀뜨물을 넣고 중불에 끓인다. ◆◆

달달한 양배추와 짭짤한 강된장은 참으로 조화롭다. 아이들이 먹을 강된장은 청양고추를 빼고 끓인다.

5. 끓기 시작하면 중약불로 줄이고 10분 정도 더 끓인다. 💧💧
6. 다진 청양고추와 홍고추, 고춧가루를 넣고 10분 더 끓이면서 중간 중간 저어준다.
7. 양배추는 4등분을 하고 심지를 제거한 다음 잎을 한 장씩 떼어내 씻는다.
8. 찜기에 김이 오르면 양배추의 두꺼운 부분을 아래쪽으로 놓고 8분간 찐 다음 2분간 뜸 들인다. 💧💧
9. 강된장이 끓으면 불을 끄고 올리고당을 조금 넣어 섞는다.

궁중 떡볶이

임금님 수라상에도 올랐던 궁중 떡볶이를 보면 옛 조상들도 단짠의 매력은 거부할 수 없었던 것 같다. 맛도 맛이지만 떡, 고기, 채소가 골고루 들어 있어 영양 면에서도 매우 균형 잡힌 음식이다. 손이 많이 가지만 맛을 보는 순간 수고스러움을 금세 잊는다.

재료(3~4인분)

떡 400g, 당근 1/3개, 양파 1/2개, 말린 표고버섯 4개, 팽이버섯 1/2봉지, 애호박 1/4개, 다진 쇠고기 100g, 설탕 1작은술, 간장, 참기름, 올리고당 약간, 다시마 국물 또는 물 1/2컵

쇠고기 양념

간장 1큰술, 설탕 1작은술, 대파 흰 부분 1/2대, 다진 마늘 1작은술, 참기름 1작은술, 통깨, 후춧가루 약간

떡 양념

간장 1큰술, 참기름 2작은술

1. 표고버섯은 물에 불린다.
2. 버섯이 말랑해지면 기둥은 떼어내고, 2개는 잘게 다지고, 2개는 채를 썬다.
3. 다진 표고버섯과 쇠고기에 분량의 쇠고기 양념을 넣고 밑간을 한다.
4. 애호박, 당근, 양파는 채를 썬다.

5. 팽이버섯은 밑동을 잘라내고 씻는다.

6. 떡은 하나씩 떼어 물에 잠시 담갔다가 끓는 물에 말랑해질 때까지 데친다. 🔥🔥

7. 데친 떡을 큰 볼에 담고 뜨거울 때 떡 양념을 넣어 버무린다.
   참고 ‣ 떡은 뜨거울 때 바로 양념해야 속까지 간이 잘 밴다.

8. 애호박, 당근, 양파, 팽이버섯은 각각 볶아서 그릇에 덜어둔다.

9. 프라이팬에 식용유를 조금 두르고 3의 밑간한 쇠고기를 볶는다. 🔥🔥

10. 쇠고기가 익기 시작하면 9에 다시마 국물 또는 물 1/2컵을 붓고 끓인다.

참고 ‣ 다시마 국물 211쪽

11. 10이 끓으면 7의 양념한 떡을 넣고 설탕 1작은술을 넣는다.

12. 쇠고기와 떡이 잘 어우러지게 섞은 다음 한소끔 끓으면 8의 볶은 채소를 넣고 버무린다.

13. 간장으로 간을 하고 불을 끈다.

14. 참기름과 올리고당을 조금 넣고 살짝 버무린다.

PART 5.

영양 가득 간식

생견과류를 물에 불려서 사용하는 로푸드 메뉴와 영양소가 풍부한 슈퍼푸드를 활용한 메뉴로 구성해 보았다. 곡물, 씨앗, 견과류에는 효소가 빠져나가지 못하도록 막아주는 효소 억제 성분이 있는데, 이를 파괴하기 위해 물에 불리는 과정을 거친다. 효소 억제 성분이 파괴되면 영양분과 효소를 그대로 섭취할 수 있다. 로푸드 레시피에서 모든 견과류는 냉장고에 12시간 이상 불리는 과정을 거쳤다.

BELLOCINA

아몬드 밀크

생아몬드로 만드는 아몬드 밀크를 처음 접하는 사람들은 날것 특유의 풋내와 맛 때문에 적응하기 쉽지 않을 수 있다. 하지만 구운 캐슈너트를 넣으면 고소한 맛이 가미되어 마시기가 훨씬 수월하다.

재료

생아몬드 150g, 구운 캐슈너트 50g, 말린 대추야자 3개, 소금 1/4작은술, 시나몬 파우더 1/4작은술, 물 1L

아몬드를 물에 불리는 이유는 생으로 먹으면 소화가 잘 안 되기 때문이다. 불린 아몬드는 재료 본연의 영양을 섭취할 수 있고 효소가 살아 있어 소화 흡수가 용이하다. 아몬드 밀크는 우유를 잘 소화시키지 못하는 사람들에게 특히 좋고, 요리의 베이스로도 활용이 가능하다.

1. 생아몬드는 밀폐용기에 담고 아몬드의 3배 이상의 물을 부어 냉장고에 하루 저녁 불린다. 캐슈너트는 3시간 이상 물에 불린다.
2. 불린 아몬드와 캐슈너트는 한 번 헹궈서 체에 받쳐둔다.
3. 말린 대추야자는 씨를 제거한다.
4. 믹서기에 2와 3, 소금, 시나몬 파우더, 물을 넣고 충분히 갈아준다.
5. 4를 면포에 한 번 거르고 찌꺼기는 꼭 짜서 버린다.
   참고 ‣ 아몬드 밀크를 만들고 남은 찌꺼기는 말려서 베이킹 재료로 활용 가능하다.
6. 액체만 거른 아몬드 밀크를 소독한 유리병에 담아 냉장 보관한다.
   참고 ‣ 유리병 소독하는 방법 35쪽

통밀 팬케이크

코코넛 밀크는 냉장 보관하면 지방층이 굳으면서 물과 크림이 분리되는데, 윗부분의 크림을 걷어내고 휘핑하면 코코넛 크림이 된다. 반죽 재료에 들어가는 코코넛 밀크는 상온에서 보관한 제품을 사용한다.

재료(2~3인분)

통밀가루 70g, 중력분 60g, 바나나 1개, 베이킹파우더 2g, 소금 약간, 메이플 시럽 1큰술, 코코넛 밀크 250ml, 블루베리와 산딸기 적당량, 슈거 파우더 조금

휘핑용

코코넛 밀크 150~200ml. 메이플 시럽 1~2큰술

1. 휘핑용 코코넛 밀크는 냉장고에 차게 보관한다.
2. 통밀가루, 중력분, 베이킹파우더, 소금을 섞어 체에 내린다.
3. 잘 익은 바나나를 으깨고 메이플 시럽과 상온의 코코넛 밀크를 넣어 거품기로 잘 섞는다. 여기에 2를 넣고 거품기로 가루가 보이지 않을 정도로 섞어준다.
4. 프라이팬을 약불로 예열하고 기름을 두른 다음 키친타월로 닦는다. 3을 한 국자 떠서 프라이팬에 올리고 윗면에 구멍이 나면 뒤집는다.
5. 1을 큰 볼에 담아 메이플 시럽을 넣고 휘핑해 크림을 만든다.
   참고 ‣ 거품기로 저어서 공기를 넣어 크림을 부풀리고 단단하게 만드는 작업을 휘핑이라고 한다.
6. 그릇에 팬케이크를 담아 5를 올리고 블루베리와 산딸기 등 좋아하는 과일을 토핑한다. 슈거 파우더를 뿌려서 마무리한다.

여기서는 바나나가 달걀 역할을 한다. 바나나는 식감을 부드럽고 폭신하게 해주고 익으면서 단맛이 진해져 더욱 맛있다.

산딸기 치아시드 푸딩

산딸기는 보관하기 매우 까다로운 과일이다. 실온에 두면 곰팡이가 빨리 피고, 냉장 보관하면 신선함이 오래가지 못한다. 콤포트나 디저트로 만들면 제철 산딸기를 보다 쉽게 저장하고 오래 먹을 수 있다.

재료

코코넛 밀크 500ml, 치아시드 6큰술, 메이플 시럽 2~3큰술, 소금 1꼬집, 산딸기 치아시드 콤포트 적당량, 산딸기 적당량

1. 볼에 코코넛 밀크와 치아시드를 담고 잘 섞어준다.
   참고 ‣ 치아시드는 과다 섭취 시 복통을 일으킬 수 있으니 한 번에 많이 먹지 않는다. 22쪽
2. 1에 메이플 시럽과 소금을 넣고 저어준다.
3. 2에 랩을 씌워 냉장고에 하루 저녁 두면 코코넛 치아시드 푸딩이 만들어진다.
4. 냉장 보관한 코코넛 치아시드 푸딩을 고루 한 번 저어준다.
5. 준비한 그릇에 산딸기 콤포트를 깔고 코코넛 치아시드 푸딩을 올린 다음 산딸기를 적당히 토핑한다.
   참고 ‣ 산딸기 치아시드 콤포트 65쪽

새콤한 산딸기를 넣으면 코코넛 밀크가 더욱 고소하고 달콤하다. 치아시드 푸딩은 냉장고에 2~3일 보관 가능하다.

견과류 에너지 볼

견과류로 만든 에너지 볼은 포만감이 쉽게 느껴지는 반면 너무 많이 먹으면 소화가 잘 안 될 수도 있으니 한꺼번에 많이 먹지 않도록 한다. 취향에 따라 커피 가루나 시나몬 파우더를 첨가해도 좋다.

재료

피칸 30g, 아몬드 70g, 호두 50g, 오트밀 60g, 대추야자 120g, 바닐라 파우더 1/4작은술, 메이플 시럽 1큰술, 코코넛 슈거 2큰술, 카카오 파우더 4큰술, 소금 1꼬집

코팅 재료

슈거 파우더 4큰술, 카카오 파우더 4큰술

1. 피칸, 아몬드, 호두는 밀폐용기에 담아 물을 넉넉히 붓고 하룻밤 냉장 보관한다. 물에 불린 견과류를 흐르는 물에 한 번 씻어 체에 걸러둔다. 대추야자는 가운데 씨를 제거한다.
2. 코팅 재료 이외의 모든 재료와 견과류를 푸드프로세서에 담는다.
3. 재료들이 뭉칠 때까지 푸드프로세서를 돌린다.
4. 재료들이 뭉치면 큰 볼에 담고 먹기 좋은 크기로 동그랗게 빚는다.
5. 동그랗게 만든 에너지 볼에 코팅 재료를 묻힌다.
   참고 ‣ 2주일 정도 냉장 보관할 수 있다.

오버나이트 오츠

오트밀은 볶거나 찐 귀리를 압착하여 소화 흡수가 잘되도록 가공한 식품으로 오버나이트 오츠는 밤새 불린 오트밀을 말한다. 곡물 중에서도 당지수가 낮고 식이섬유가 풍부해 장을 건강하게 하며 독소 배출을 원활히 돕는다. 또한 베타글루칸이라는 성분이 인슐린 저항성을 개선해 혈당 조절에도 도움을 준다.

재료

오트밀 120g, 아몬드 밀크 250ml, 소금 1꼬집, 꿀 1~2작은술, 시나몬 파우더 약간, 과일 적당량

1. 아몬드 밀크에 소금을 넣고 녹인다.
   참고 ▸ 아몬드 밀크 241쪽
2. 1에 오트밀을 넣고 잘 젓는다.
   참고 ▸ 알아두면 좋은 오트밀 종류
   - 스틸컷 오츠 : 통귀리를 2~3조각 분쇄한 것으로 귀리처럼 쌀과 함께 밥을 지으면 고소하고 쫀득한 식감이 더해진다.
   - 올드 패션드 오츠 : 볶은 귀리를 롤러로 압착한 것으로 스틸컷 오츠보다 조리 시간이 짧고 간편하다.
   - 퀵 오츠 : 가장 많은 가공을 거친 오트밀로 조리 시간도 1~2분 짧아 뜨거운 물이나 우유에 부어 바로 먹는다.
   - 오트 브란 : 귀리의 속겨로 만든 오트밀
   - 오트플라워 : 밀가루 대용으로 사용하는 오트밀
3. 아몬드 밀크에 탄 오트밀을 밀폐용기에 담아 하루 저녁 냉장 보관하면 오버나이트 오츠가 만들어진다.
4. 오버나이트 오츠를 그릇에 담고 꿀, 과일, 시나몬 파우더를 올린다.

1

2

2-1

불린 오트밀은 아침 식사 대용으로도 아주 좋다. 기본적인 레시피에 녹차 가루, 코코아 파우더를 첨가하거나, 아몬드 밀크 또는 요거트와 과일을 같이 갈아서 불리면 색다른 오트밀을 즐길 수 있다. 아침에 차가운 오트밀이 부담된다면 전자레인지에 데워 따뜻하게 먹는다.

애플 시나몬 오트밀 베이크

밀가루 대신 오트밀로 빵을 구워보자. 코코넛 밀크를 추가하면 좀 더 촉촉하게 만들 수 있으니 취향에 따라 가감한다.

재료

오트밀 180g(여분의 오트밀 조금), 피칸 30g, 시나몬 파우더 1작은술, 통밀가루 40g, 베이킹파우더 1/2작은술, 바나나 250g, 바닐라 엑스트랙 1/2작은술, 소금 2꼬집, 코코넛 오일 2큰술, 코코넛 밀크 150ml, 블루베리 160g

조림 재료

사과 180g, 아가베 시럽 60ml, 레몬즙 2큰술, 화이트와인 1큰술

1. 사과는 1cm 두께로 자르고 나머지 조림 재료와 함께 냄비에 넣어 바닥에 수분이 없어질 때까지 약불에 20분간 조린다.
2. 바나나는 껍질을 벗기고 볼에 담아 바닐라 엑스트랙, 소금을 넣고 곱게 으깬다.

   참고 ▸ 바닐라 엑스트랙은 바닐라빈을 럼이나 에탄올 등에 넣고 향을 우려낸 것이다. 주로 베이킹에서 달걀 비린내를 없애거나 바닐라 향을 더할 때 사용된다.
3. 2에 코코넛 오일과 코코넛 밀크를 넣고 휘핑기로 고루 섞는다.

1, 1-1, 1-2, 2, 2-1, 3, 3-1

4. 다른 볼에 오트밀, 피칸 2/3, 시나몬 파우더를 넣고 고루 섞는다.

5. 3에 4를 넣어 섞고, 통밀가루와 베이킹파우더를 체에 쳐서 넣는다. 가루가 보이지 않을 때까지 가볍게 섞는다.

6. 베이킹 팬에 종이 호일을 깔고 반죽을 2/3가량 붓는다.

7. 반죽 위에 조린 사과와 블루베리를 올리고 남은 반죽 1/3을 부어 평평하게 만든 다음 오트밀을 골고루 조금 뿌리고 나머지 피칸 1/3을 올린다.

8. 오븐은 200도에서 15분간 예열한다. 충분히 예열되면 오븐에 넣고 20분간 굽는다.

무화과 단호박 조림

풍성한 가을에 계절감을 만끽할 수 있는 메뉴다. 오븐에 구워 단맛이 더욱 깊은 무화과는 은은한 코코넛 향과 어우러져 소스 역할을 한다. 클레오파트라가 사랑했던 과일이었던 만큼 무화과는 피로 회복과 피부 미용에 좋다.

재료(1인분)

무화과 2개, 단호박 1/2개(270g), 꿀 1큰술, 카놀라유 1작은술, 코코넛 오일 2작은술

토핑

피칸 8개, 오트밀 3큰술, 시나몬 파우더 약간

1. 무화과 1개를 작은 크기로 썰고, 단호박은 껍질째 먹기 좋은 한입 크기로 썰어둔다.
2. 오븐 용기에 카놀라유를 두른 다음 무화과를 올리고 꿀을 고루 뿌린다.
3. 오븐을 200도로 10분간 예열한 뒤 2를 넣고 8분 동안 굽는다.
4. 꿀과 무화과 즙이 고루 섞이도록 한 번 저어주고, 그 위에 단호박을 껍질이 위로 오도록 올려 오븐에서 10분 동안 굽는다.

5. 10분 뒤 단호박을 뒤집어서 무화과 즙을 단호박에 고루 묻힌다.
6. 다시 오븐에 넣고 단호박이 완전히 익을 때까지 6~7분 정도 구우면 완성된다.
7. 오트밀과 피칸은 프라이팬에 기름을 두르지 않고 중불로 노릇노릇 굽는다. ●●
8. 남은 무화과 하나를 먹기 좋게 자른다.
9. 완성된 조림 위에 구운 오트밀과 피칸, 무화과를 올리고 코코넛 오일을 두른다. 취향대로 시나몬 파우더를 뿌린다.

로푸드 무화과 타르트

무화과 타르트에 잼을 더해 맛과 향이 더욱 진하다. 크림 케이크나 진한 치즈케이크 같은 디저트가 생각날 때 만들어보면 분명 색다른 경험이 될 것이다.

재료(지름 16cm 타르트2개 분량)

타르트셸

생아몬드 200g, 생마카다미아 50g, 소금 2꼬집, 무화과 잼 3큰술, 코코아 파우더 1큰술, 말린 자두 3개 / 타르트 틀

필링

생캐슈너트 280g, 레몬즙 3큰술, 무화과 잼 3큰술, 메이플 시럽 3~4큰술, 소금 2꼬집, 코코넛 오일 4큰술, 코코넛 밀크 2/3~3/4컵

1. 아몬드, 마카다미아, 캐슈너트는 계량해서 각각 밀폐용기에 담아 물을 붓고 냉장고에 하루 저녁 불린다.
   참고 ‣ 마카다미아 125쪽
2. 불린 아몬드와 마카다미아는 체에 걸러 키친타월로 물기를 제거하고 타르트셸의 나머지 재료와 함께 푸드프로세서에 넣고 재료들이 뭉칠 때까지 3분 정도 갈아준다.
   참고 ‣ 타르트 속(필링)을 담기 위해서는 반죽을 그릇 모양으로 만들어야 하는데, 타르트 틀에 넣고 굳힌 것을 타르트셸이라고 한다. 보통 타르트 틀로 모양을 만들어 오븐에 굽는다.
3. 타르트셸 재료의 절반을 타르트 틀에 넣고 0.5cm 두께로 꾹꾹 눌러가며 평평하고 단단하게 빚은 다음 잠시 냉장고에 넣어 굳힌다. 냉장고에 넣어두면 상온보다 조금 더 단단해진다.
   참고 ‣ 나머지 절반으로 1개 더 만든다.

1 2 2-1 3 3-1

4. 불린 캐슈너트는 물기를 제거하고 나머지 필링 재료와 함께 믹서기에 넣어 부드러운 크림이 될 때까지 갈아준다. 코코넛 밀크를 조금씩 넣어가며 농도를 맞춘다.

참고 ▸ 타르트 셸 안에 들어가는 속 재료를 필링이라고 한다.

5. 3을 냉장고에서 꺼내 틀에서 분리한 후 4의 필링 재료를 셸의 높이까지 붓는다. 표면을 스패출라로 평평하게 만들고 다시 냉장고에서 30분 이상 굳혀 타르트를 완성한다.

참고 ▸ 바닥이 분리되는 타르트 틀을 사용하면 편리하다.

6. 완성된 타르트에 슬라이스한 무화과와 민트 등을 올려서 먹는다.

참고 ▸ 로푸드 19쪽

무화과는 무르기 쉬운 과일이니 좋은 향이 나며 겉에 흠집이 없고 갈라진 부분이 마르거나 곰팡이가 피지 않은 것을 선택한다. 무화과는 냉장 보관하고 빠른 시일 내에 먹는 것이 좋다.

호두 파이

은은한 단맛을 지닌 호두 파이는 커피에 곁들이는 오후 간식으로 제격이다. 호두 파이는 오븐에서 꺼내 살짝 식었을 때 호두의 수분이 날아가 바삭하고 신선한 맛이 난다.

재료(지름 12cm, 16cm 2개 또는 20cm 1개 분량)

시트

박력분 120g, 버터 60g, 소금 2꼬집, 우유 2큰술 / 타르트 틀

필링

버터 20g, 설탕 25g, 바닐라 파우더 1/4작은술(또는 바닐라 엑스트랙 1/4작은술), 달걀 2개, 조청 또는 물엿 120g, 호두 100g, 피칸 적당량, 시나몬 파우더 1작은술

1. 시트 재료를 준비한다. 박력분은 체에 한 번 내리고 버터는 차가운 상태로 준비한다. 큰 볼에 체를 친 박력분, 버터, 소금, 우유를 넣고 버터가 콩알만 해질 때까지 스크래퍼로 자르듯이 반죽한다.

   참고 ‣ 시트는 타르트셸과 같은 개념으로 필링 재료를 넣기 위한 그릇이라고 보면 된다.

2. 버터가 고루 줄어들면 반죽을 한데 뭉쳐 비닐에 싼 후 30분 이상 냉장고에 숙성한다. 과자류를 만들 때 너무 오래 반죽하면 딱딱해져서 식감이 좋지 않다.

   참고 ‣ 밀가루, 버터, 우유는 반죽 직후에는 뭉쳐 있지만 불완전한 상태다. 숙성(휴지) 단계에서 가루와 지방, 수분이 고루 퍼져 반죽이 안정된다.

3. 숙성이 끝난 시트 반죽을 밀대로 고루 편다. 이때 반죽이 바닥에 들러붙지 않도록 밀가루를 조금 뿌린다. 반죽 두께는 0.4mm가 적당하다.

1 1-1 2 3

냉장고에 숙성하면 낮은 온도에서 발효를 억제하므로 구웠을 때 표면이 고르고 식감도 좋아진다. 실온에서는 반죽이 들러붙지만 냉장고에서 살짝 굳으면 반죽하기 쉽다.

4. 고루 편 반죽을 스크래퍼로 조심스럽게 들어 타르트 틀에 옮겨 딱 맞게 고정하고 여분을 자른다. 포크로 바닥에 구멍을 골고루 내고 비닐에 넣어 냉장고에서 30분 정도 2차 숙성을 한다.

5. 필링 재료를 준비할 차례다. 버터는 중탕으로 녹이고 설탕, 바닐라 파우더, 달걀, 조청, 시나몬 파우더를 넣고 거품기로 살살 섞은 다음 체에 한 번 내린다.

6. 2차 숙성이 끝난 시트를 꺼내 호두와 피칸을 고루 깔고, 그 위에 5의 필링 재료를 조심스럽게 붓는다.

7. 오븐을 160도로 15분 예열하고 6을 넣어 30분 동안 굽는다.

8. 구워진 호두 파이를 타르트 틀에서 분리하고 식힌다.

로푸드 레몬 치즈 케이크

로푸드 케이크와 일반 케이크의 가장 큰 차이점은 모든 재료가 '식물성'이라는 것이다. 동물성 식품을 지양하자는 의미보다 식물성으로 이러한 맛과 질감을 낼 수 있고 맛의 스펙트럼을 늘릴 수 있다는 점에서 시도해 볼 것을 추천한다.

재료(15cm 무스링 틀 1개 분량)

시트

아몬드 70g, 피칸 80g, 크랜베리 80g, 레몬즙 5~6큰술

필링

캐슈너트 250g, 코코넛 오일 120g, 레몬 2개 분량의 즙과 껍질, 메이플 시럽 80~100ml, 소금 1/4작은술

1. 먼저 시트 재료인 아몬드와 피칸, 캐슈너트는 각각 밀폐용기에 담고 물을 넉넉히 부어 냉장고에 하룻밤 불린다.
2. 크랜베리는 레몬즙 5~6큰술을 부어 30분간 불린 다음 체에 받쳐둔다.
3. 1의 불린 견과류는 한 번 헹구고 체에 걸러 물기를 뺀다.
4. 푸드프로세서에 크랜베리, 아몬드, 피칸을 넣고 재료가 뭉칠 때까지 갈면 시트 재료가 완성된다.

5. 필링 재료인 레몬은 굵은소금으로 겉을 문질러 씻은 다음 베이킹소다로 한 번 더 문질러 왁싱을 깨끗이 제거한다.
   참고 ▸ 레몬이나 오렌지 같은 수입 과일은 부패를 방지하고 모양, 신선도를 유지하기 위해 왁싱 처리를 한다. 씻는 과정에서 왁싱과 잔여물이 제거된다.

6. 레몬 껍질의 노란 부분을 그레이터로 갈아둔다.
   참고 ▸ 8에서 필링 재료를 만들 때 사용한다. 레몬즙만 사용하는 것보다 껍질까지 사용하면 향이 더욱 강해진다.

7. 레몬을 절반으로 잘라 즙을 짠다.

8. 믹서기에 필링 재료를 모두 넣고 부드럽게 갈아준다.

9. 무스링 틀에 유산지를 두른다.

참고 • 무스링 틀에 유산지를 두르면 틀과 케이크를 깔끔하게 분리할 수 있다.

10. 틀에 4의 시트 재료를 붓고 바닥을 평평하게 깔아준다.

11. 10 위에 8의 필링 재료를 붓는다.

12. 11을 냉동실에 2시간 정도 두었다가 케이크가 굳으면 틀에서 분리한다.

버터나 달걀이 들어가지 않지만 일반 케이크 못지않게 부드러운 식감과 맛을 자랑한다. 틀에서 분리한 후 잘라서 냉동 보관하면 3~4주는 보관할 수 있다.

돼지감자 칩

이름 때문에 감자와 비슷하지 않을까 싶지만 전혀 다른 맛과 식감을 지니고 있다. 흔히 간장에 절여 장아찌로 만드는데, 튀기면 완전히 다른 매력에 빠진다. 돼지감자는 우엉처럼 껍질에 영양 성분이 많기 때문에 솔로 깨끗이 세척한 후 껍질째 먹는다.

재료

돼지감자 500g, 식용유, 소금 약간

1. 돼지감자는 흐르는 물에 솔로 닦아 겉의 흙을 완전히 씻어낸다.
2. 돼지감자를 얇고 일정한 두께로 썰어서 키친타월로 두드려 물기를 제거한다.
3. 식용유를 냄비에 붓고 중불에 충분히 예열한다. 🔥🔥
4. 튀김 온도가 적당해지면 돼지감자를 넣고 갈색이 될 때까지 3분 30초~4분간 튀긴다. 🔥🔥

   참고 ▸ 썰어놓은 돼지감자 하나를 떨어트려서 보글거리며 떠오르면 적당한 온도다.
5. 튀긴 돼지감자를 체에 받쳐 기름기를 제거하고 겉에 소금을 약간 뿌린다.

돼지감자는 이눌린 성분이 다량 함유되어 천연 인슐린이라고도 불린다. 혈당을 낮추고 콜레스테롤을 개선해 특히 당뇨 환자에게 매우 좋은 식품으로 알려져 있다. 비타민C가 풍부해 피로 회복에도 좋고 식이섬유 또한 풍부하다. 단, 공복에 섭취하면 혈당이 급격히 떨어질 위험이 있으니 주의한다.